LAWRENCE M. KRAUSS, geboren 1954 in New York, ist einer der international bekanntesten Physiker und Leiter des »Origins Project« an der Arizona State University. Dort erforscht der vielfach ausgezeichnete Wissenschaftler die Ursprünge des Kosmos, des Menschen, des Bewusstseins und der Kultur. Sein Vortrag »A Universe from Nothing« und sein Buch über *Die Physik von Star Trek* machten ihn weltweit zum Star.

Lawrence M. Krauss in der Presse:

»Der Darwin der Kosmologie«
Richard Dawkins

»Der Triumph der Physik über die Metaphysik«
A.C. Grayling

»Fundierte Einsichten in die neuere kosmologische Forschung«
P.M. Magazin

»Krauss entfacht den religiösen und philosophischen Disput über die Existenz Gottes neu. Für gläubige Menschen sind Krauss' Thesen eine Provokation.«
Focus

Außerdem von Lawrence M. Krauss lieferbar:

Das größte Abenteuer der Menschheit. Vom Versuch, das Universum zu entschlüsseln

Besuchen Sie uns auf www.penguin-verlag.de und Facebook.

Lawrence M. Krauss

Ein Universum aus Nichts

... und warum da trotzdem
etwas ist

Mit einem Nachwort
von Richard Dawkins

Aus dem Amerikanischen
von Helmut Reuter

PENGUIN VERLAG

Die Originalausgabe erschien 2012 unter dem Titel »A Universe from Nothing« bei Free Press, New York, einem Imprint von Simon and Schuster Inc.

FSC
www.fsc.org
MIX
Papier aus verantwortungsvollen Quellen
FSC® C014496

Penguin Random House Verlagsgruppe FSC® N001967

3. Auflage

in der Penguin Random House Verlagsgruppe GmbH,
Neumarkter Straße 28, 81673 München
Lektorat: Wolfgang Gartmann, München
Umschlaggestaltung und -motiv: bürosüd, München
Satz: Uhl + Massopust, Aalen
Druck und Bindung: GGP Media GmbH, Pößneck
Printed in Germany
ISBN 978-3-328-10309-7
www.penguin-verlag.de

Inhalt

Vorbemerkung

Traum oder Albtraum, unsere Erfahrung müssen wir leben, wie sie ist, und wir müssen sie im Wachzustand leben. Wir leben in einer Welt, die vollständig von Wissenschaft durchdrungen und sowohl ein Ganzes als auch real ist. Wir können das Leben nicht einfach dadurch in ein Spiel verwandeln, indem wir uns für eine Seite entscheiden.

Jacob Bronowski

Ich will von Anfang an mit offenen Karten spielen und bekennen, dass ich nichts mit der Vorstellung anfangen kann, die Schöpfung erfordere einen Schöpfer – eine Behauptung, welche die Grundlage aller Religionen der Welt bildet. Jeden Tag erscheinen plötzlich schöne und wundervolle Objekte – von Schneeflocken an einem kalten Wintermorgen bis zu strahlenden Regenbögen nach einem Sommerschauer am späten Nachmittag. Dennoch würde außer den glühendsten Fundamentalisten wohl niemand behaupten, dass jedes einzelne dieser Objekte liebevoll und sorgfältig und – was wichtiger ist – von einer göttlichen Intelligenz mit Absicht erschaffen wurde. Tatsächlich erfreuen sich viele Laien und auch Wissenschaftler daran, dass wir erklären können, wie Schneeflocken und Regenbögen spontan erscheinen können – auf der Grundlage einfacher und eleganter physikalischer Gesetze.

Natürlich kann man wie viele Menschen fragen, woher die Gesetze der Physik denn kommen, oder auch die Suggestivfrage stellen, wer diese Gesetze erschaffen habe. Selbst wenn man diese erste Frage beantworten kann, wird der Fragende dann häufig weiterbohren und wissen wollen, wo denn diese Gesetze herkommen oder wer sie in die Welt gebracht hat und so weiter.

Letztlich werden viele nachdenkliche Menschen von dem dringenden Bedürfnis nach einer Ersten Ursache angetrieben, wie Plato, Thomas von Aquin oder die moderne katholische Kirche das wohl ausdrücken würden. Sie unterstellen dabei irgendein göttliches Wesen – einen Schöpfer all dessen, was da ist und je da sein wird, jemanden oder etwas, das ewig ist und allgegenwärtig.

Doch wenn man eine Erste Ursache verkündet, bleibt weiterhin die Frage offen, wer den Schöpfer erschaffen hat. Denn worin besteht sonst der Unterschied zwischen der Behauptung eines ewig existierenden Schöpfers im Gegensatz zu einem ewig existierenden Universum ohne diesen?

Diese Argumente erinnern mich immer an die berühmte Geschichte eines Wissenschaftlers, der eine Vorlesung über die Ursprünge des Universums hält (manchmal wird der britische Philosoph Bertrand Russell genannt, manchmal der amerikanische Philosoph William James) und mit einer Frau konfrontiert ist, die behauptet, die Welt werde von einer riesigen Schildkröte getragen, die von einer weiteren Schildkröte getragen werde und diese dann von der folgenden … mit Schildkröten »bis ganz hinunter«! Der unendliche Regress einer schöpferischen Kraft, die sich selbst hervorbringt (auch wenn man sich eine Kraft vorstellt, die größer ist als die Schildkröten), bringt uns keinen Schritt näher an das, was das Universum entstehen lässt. Dennoch könnte dieses Bild einer unendlichen Regression dem realen Prozess, dem das Universum seine Existenz verdankt, letztlich näherkommen, als es die Vorstellung von einem einzelnen Schöpfer zu erklären vermag.

Wer vorbringt, es laufe nun einmal schlicht auf Gott hinaus, und damit jedes Hinterfragen wegdefiniert, kann damit vielleicht das Problem des unendlichen Regresses umgehen, doch hier berufe ich mich auf mein Mantra: Das Universum ist, wie es ist – ob uns das gefällt oder nicht. Ob es einen Schöpfer gibt oder nicht, hängt nicht von unseren Wünschen ab. Eine Welt ohne Gott oder Zweck mag einem hart oder sinnlos vorkommen, doch das allein ist noch keine Begründung für die Existenz Gottes.

In ähnlicher Weise ist unser Geist vielleicht nicht imstande, Unendlichkeiten leicht zu begreifen (obwohl die Mathematik, ein Produkt unseres Denkens, recht schön mit ihnen umgeht). Doch diese Unfähigkeit heißt eben nicht, dass es keine Unendlichkeiten gibt. Unser Universum könnte sich räumlich oder zeitlich ins Unendliche erstrecken. Oder die Gesetze der Physik könnten, wie Richard Feynman es einst formuliert hat, wie eine Zwiebel mit unendlich vielen Schalen aufgebaut sein, sodass neue Gesetze anwendbar werden, wenn wir neue Größenordnungen sondieren. *Wir wissen es einfach nicht*!

Mehr als 2000 Jahre hindurch ist die Frage, weshalb es statt nichts etwas gibt, als Prüfstein für die Feststellung präsentiert worden, dass unser Universum – dieser riesige Komplex von Sternen, Galaxien, Menschen und wer weiß was sonst noch alles – vielleicht ohne Planung, Absicht oder Zweck entstanden ist. Obwohl sie gewöhnlich den philosophischen oder religiösen Fragen zugeordnet wird, ist sie zuerst und vor allem eine Frage zur natürlichen Welt, weshalb der angemessene Ort für ihre Überprüfung und Lösung zuerst und vor allem die Naturwissenschaften sind.

Dieses Buch folgt einer einfachen Absicht. Ich möchte zeigen, wie die moderne Naturwissenschaft in unterschiedlichem Gewand die Frage angehen kann und tatsächlich angeht, weshalb es statt nichts überhaupt etwas gibt. Die Antworten, die wir erhalten haben – aus umwerfend schönen experimentellen Beobachtungen wie auch aus Theorien, die einem großen Teil der modernen Physik zugrunde liegen –, legen alle nahe, dass es kein Problem darstellt, aus nichts etwas zu erhalten. Tatsächlich ist es für die Entstehung des Universums vielleicht sogar notwendig gewesen, dass etwas aus nichts hervorgegangen ist. Alle Hinweise lassen darauf schließen, dass unser Universum auf diese Weise entstanden sein *könnte*.

Das Wort »könnte« habe ich hier betont, weil wir möglicherweise nie über genügend empirische Informationen verfügen werden, um diese Frage eindeutig beantworten zu können. Doch die Tatsache, dass ein Universum aus dem Nichts überhaupt plausibel erscheint, ist sicherlich bemerkenswert – zumindest für mich. Ehe ich fortfahre, möchte ich dem Begriff des »Nichts« – ein Thema, das ich später ausführlicher behandeln werde – ein paar Worte widmen. Denn anlässlich der Diskussion dieser Frage in öffentlichen Foren habe ich die Erfahrung gemacht, dass Philosophen und Theologen, die anderer Meinung sind als ich, sich über nichts mehr erregen als über die Feststellung, ich als Wissenschaftler würde das »Nichts« nicht wirklich verstehen. (An dieser

Stelle bin ich immer versucht zu erwidern, Theologen seien Fachleute für nichts.)

Sie bestehen darauf, das »Nichts« gehöre nicht zu den Dingen, die ich erörtere. Nichts sei »Nichtsein« in irgendeinem vagen und schlecht definierten Sinn. Das erinnert mich an meine eigenen Bemühungen, »Intelligent Design« zu definieren, als ich anfing, mit Kreationisten zu debattieren; dafür gibt es, wie sich zeigte, keine klare Definition, sondern nur die Aussage, was es nicht ist. »Intelligent Design« ist einfach nur ein Sammelbegriff dafür, dass man gegen die Evolutionslehre ist. In ähnlicher Weise definieren und redefinieren Philosophen das »Nichts« dahingehend, dass es mit keiner der Versionen des Nichts zu tun hat, die von Naturwissenschaftlern derzeit dargestellt werden.

Doch hier liegt meiner Meinung nach der intellektuelle Bankrott eines großen Teils der Theologie und eines Teils der modernen Philosophie. Denn »Nichts« ist gewiss in jeder Hinsicht so physikalisch wie »Etwas«, besonders wenn es als »Abwesenheit von Etwas« definiert wird. Dann fällt uns nämlich die Aufgabe zu, exakt zu verstehen, was die physikalische Natur dieser beiden Größen genau ausmacht. Und ohne Wissenschaft ist jede Definition nichts weiter als eine Folge von Worten.

Hätte jemand vor einem Jahrhundert das »Nichts« als Bezeichnung für einen vollkommen leeren Raum dargestellt, der keinerlei reale materielle Eigenschaften besitzt, hätte er wohl kaum Widerspruch geerntet. Die Ergebnisse des vergangenen Jahrhunderts haben uns jedoch gelehrt, dass das Vakuum (der leere Raum) in Wahrheit bei Weitem nicht das ungreifbare Nichts ist, für das wir es hielten – ehe wir mehr darüber erfuhren, wie die Natur funktioniert. Inzwischen erzählen mir religiöse Kritiker, ich könne den leeren Raum nicht als Nichts bezeichnen, sondern müsse ihn vielmehr »Quantenvakuum« nennen, um ihn vom idealisierten »Nichts« der Philosophen oder Theologen zu unterscheiden.

Einverstanden. Was aber, wenn wir das »Nichts« dann als Abwesenheit von Raum und Zeit an sich darstellen wollen? Genügt das? Wieder habe ich den Verdacht, es hätte ausgereicht ... eine Zeit lang. Doch wir haben, wie ich noch darstellen werde, inzwischen erfahren, dass Raum und Zeit selbst spontan entstehen können, und so sagt man uns nun, sogar dieses »Nichts« sei nicht wirklich das Nichts, auf das es ankomme. Und man erklärt uns, das Entkommen aus dem Nichts erfordere ein göttliches Prinzip, wobei das willkürlich so definierte »Nichts« jenes sein soll, aus dem nur Gott etwas erschaffen könne.

Ich habe das Thema mit den unterschiedlichsten Personen diskutiert, von denen einige meinten, wenn das »Potenzial« vorhanden sei, etwas hervorzubringen, so handle es sich dabei nicht um einen wahren Zustand des Nichts. Und dass es Naturgesetze gebe, die ein solches Potenzial ermöglichen, führe uns ganz sicher aus dem wahren Reich des Nichts hinaus. Wenn ich dann aber vorbringe, auch die Naturgesetze selbst seien möglicherweise spontan entstanden (was ich noch ausführen werde), so ist auch das nicht gut genug. Denn jedes System, in dem die Gesetze entstanden sein mögen, sei nicht identisch mit dem eigentlichen Nichts.

Schildkröten bis ganz nach unten? Das glaube ich nicht. Doch diese Schildkröten sprechen viele an, weil die Naturwissenschaft das Spielfeld auf eine Art wechselt, die den Menschen Unbehagen bereitet. Selbstverständlich ist das einer der Gründe für Wissenschaft – in früheren, sokratischen Zeiten mag man es als »Naturphilosophie« bezeichnet haben. Fehlendes Behagen heißt, wir stehen auf der Schwelle zu neuen Einsichten. Es ist sicherlich nur Ausdruck intellektueller Trägheit, wenn man »Gott« als eine Möglichkeit heranzieht, schwierige Fragen nach dem »Wie« zu vermeiden. Denn gäbe es kein Potenzial für eine Schöpfung, hätte Gott schließlich gar nichts erschaffen können. Es liefe auf semantischen Hokuspokus hinaus, wenn jemand zu behaupten versuchte, die Annahme einer potenziell unendlichen Regression sei unnötig, weil Gott außerhalb der Natur existiere und deshalb das »Potenzial« für die Existenz selbst kein Teil des Nichts sei, aus dem die Existenz hervorging.

Tatsächlich möchte ich hier zeigen, dass die Naturwissenschaft in der Tat das Spielfeld gewechselt *hat*. Damit wurden diese abstrakten und nutzlosen Debatten über die Natur des Nichts ersetzt durch zweckdienliche, praktische Bemühungen, mit denen beschrieben wird, wie unser Universum seinen Anfang genommen haben könnte. Darüber hinaus möchte ich erklären, was das möglicherweise für unsere Gegenwart und Zukunft bedeutet.

Darin spiegelt sich eine sehr wichtige Tatsache. Wenn es zu verstehen gilt, wie unser Universum sich entwickelt, sind Religion und Theologie bestenfalls irrelevant. Oft vernebeln sie die Dinge, indem sie sich beispielsweise auf Fragen des Nichts konzentrieren, ohne irgendeine auf empirischen Belegen beruhende Definition des Begriffs zu liefern. Auch wenn wir den Ursprung unseres Universums noch nicht vollständig verstehen, gibt es keinen Grund zu der Annahme, die Dinge würden sich in dieser Hinsicht grundlegend ändern. Zudem rechne ich damit, dass das auch für unser Verständnis von Gebieten gelten wird, welche die Religion derzeit als ihr ureigenes Territorium betrachtet, etwa die menschliche Moral.

Die Wissenschaft hat unser Verständnis der Natur deshalb vorangebracht, weil das wissenschaftliche Ethos auf drei entscheidenden Grundsätzen beruht: (1) Man folge den Hinweisen, wohin sie auch führen. (2) Verfügt man über eine Theorie, muss man bereit sein, sie mit gleichem Nachdruck als falsch zu beweisen, wie man sich bemüht, ihre Richtigkeit zu belegen. (3) Entscheidend für die Wahrheit ist letztlich das Experiment, nicht die Genugtuung, die man aus seinen Überzeugungen *a priori* ableitet oder auch aus der Schönheit oder Eleganz, die man seinen theoretischen Modellen zuschreibt.

Die experimentellen Ergebnisse, die ich hier schildern möchte, kommen nicht nur zur rechten Zeit, sondern auch unerwartet. Der Wandteppich, den die Naturwissenschaft webt, wenn sie die Evolution unseres Universums darstellt, ist weit farbiger und faszinierender als alle Bilder aus Offenbarungen oder den phantasievollen Geschichten, die Menschen ausgeheckt haben. Die Natur hält Überraschungen bereit, die bei Weitem über das hinausgehen, was die menschliche Vorstellungskraft hervorbringen kann.

Im Verlauf der letzten zwei Jahrzehnte hat eine spannende Reihe von Entwicklungen in Kosmologie, Teilchen- und Gravitationstheorie dazu geführt, dass wir das Universum auf völlig neue Weise betrachten. Daraus folgen aufregende und tief reichende Implikationen für unser Verständnis seiner Ursprünge wie seiner Zukunft. Demnach könnte es als Thema vielleicht nichts Interessanteres geben als Nichts – man möge mir das Wortspiel verzeihen.

Mit diesem Buch verfolge ich nicht so sehr die Absicht, Mythen zu zerpflücken oder Glaubensinhalte anzugreifen, sondern es drückt den Wunsch aus, das Wissen zu rühmen und mit ihm das absolut überraschende und faszinierende Universum, als welches das unsere sich erwiesen hat.

Unsere Erkundung wird uns auf eine stürmische Tour zu den fernsten Gebieten unseres expandierenden Universums führen – von den frühesten Momenten des Big Bang bis in die ferne Zukunft – und die möglicherweise überraschendste physikalische Entdeckung des vergangenen Jahrhunderts einbeziehen.

Der unmittelbare Anstoß, dieses Buch gerade jetzt zu schreiben, ist in der Tat eine tief reichende Entdeckung über das Universum. Sie war der hauptsächliche Antrieb meiner eigenen wissenschaftlichen Forschung während der letzten drei Jahrzehnte und hat zu dem aufregenden Ergebnis geführt, dass der größte Teil der Energie des Universums in irgendeiner geheimnisvollen, bislang unerklärlichen Form existiert, die den gesamten leeren Raum durchdringt. Es ist keine Übertreibung, wenn man feststellt, dass diese Entdeckung das Gebiet der modernen Kosmologie verändert hat.

Denn erstens hat diese Entdeckung beachtliche neue Belege dafür hervorgebracht, dass unser Universum aus Nichts im genauen Sinn des Wortes entstanden ist. Zudem hat sie uns dazu gebracht, eine ganze Reihe von Annahmen zu überdenken, nämlich jene zu den Vorgängen, die seine Evolution lenken könnten, wie auch letztlich zu der Frage, ob die Gesetze der Natur selbst wirklich fundamental sind. Das alles führt nun tendenziell dazu, dass die Frage, warum es statt nichts überhaupt etwas gibt, weniger imposant oder sogar auf einfache Weise lösbar erscheint, wie ich hoffe darlegen zu können.

Unmittelbar verknüpft ist die Entstehung dieses Buches mit der gleichnamigen Vorlesung, die ich im Oktober 2009 in Los Angeles hielt. Zu meiner nicht geringen Überraschung ist das von der Richard Dawkins Foundation zur Verfügung gestellte YouTube-Video der Vorlesung mit mehr als 1,5 Millionen Aufrufen inzwischen zu einer Art Sensation geworden. Teile des Videos wurden vielfach kopiert und von atheistischen wie von theistischen Gemeinschaften in deren Debatten verwendet.

Weil das Thema also eindeutig mit Interesse verfolgt wird und im Anschluss an meine Vorlesung zudem einige irreführende Kommentare im Web und in verschiedenen Medien erschienen sind, hielt ich es für angemessen, die von mir in der Vorlesung vorgetragenen Ideen in diesem Buch ausführlicher darzustellen. Hier bietet sich mir auch eine Gelegenheit, die damals vorgebrachten Argumente zu erweitern. Sie konzentrierten sich fast vollständig auf die jüngsten Revolutionen der Kosmologie, die unser Bild des Universums verändern und mit der Entdeckung der Energie und der Geometrie des Raums zu tun haben. Diese Fragen werde ich in den ersten zwei Dritteln dieses Buches erörtern.

In der Zwischenzeit habe ich viel mehr über die vielen Vorläufer und Ideen nachgedacht, die meiner Argumentation zugrunde liegen; ich habe sie mit anderen diskutiert, die mit ansteckender Begeisterung darauf reagiert haben, und ich habe insbesondere eingehender erkundet, wie sich Entwicklungen der Teilchenphysik im Hinblick auf das Thema Ursprung und Natur unseres Universums auswirken. Schließlich habe ich noch einige meiner Argumente Menschen vorgelegt, die nachdrücklich anderer Ansicht sind – dabei habe ich einige Einsichten gewonnen, die mir geholfen haben, meine Argumente weiter auszubauen.

Während ich die Ideen, die ich letztlich hier darzustellen versuche, ausarbeitete, profitierte ich ungemein von Diskussionen mit einigen meiner äußerst kenntnisreichen Physikerkollegen. Ganz besonders danken möchte ich Alan Guth und Frank Wilczek, die sich die Zeit genommen haben, ausführlich mit mir zu diskutieren und zu korrespondieren, wodurch einige verworrene Vorstellungen in meinem eigenen Denken aufgelöst wurden; außerdem haben sie in bestimmten Fällen dabei geholfen, meine eigenen Interpretationen zu bestärken.

Ermutigt durch das Interesse von Leslie Meredith und Dominick Anfuso bei Free Press, Simon und Schuster, die ein Buch zu diesem Thema für möglich hielten, wandte ich mich an meinen Freund Christopher Hitchens, der einer der gebildetsten und brillantesten Menschen war, die ich kenne. Ihn überzeugten einige der Argumente aus meiner Vorlesung so, dass er sie in seiner bemerkenswerten Diskussionsreihe über Wissenschaft und Religion verwendete. Trotz seiner angegriffenen Gesundheit erklärte Christopher sich freundlich, großzügig und tapfer dazu bereit, das Vorwort für dieses Buch zu verfassen. Für diesen Akt der Freundschaft und des Vertrauens werde ich ihm ewig dankbar sein. Leider setzte die Krankheit Christopher schließlich so sehr zu, dass es ihm trotz aller Bemühungen nicht mehr möglich war, das Vorwort zu vollenden. Immerhin hatte sich mein eloquenter, brillanter Freund, der renommierte Wissenschaftler und Autor Richard Dawkins, schon vorher bereit erklärt, ein Nachwort zu schreiben. Nachdem er den ersten Entwurf meines Textes gelesen hatte, lieferte er in kurzer Zeit einen Text, dessen Schönheit und Klarheit erstaunlich und zugleich beeindruckend sind. Ich verharre in Ehrfurcht. Christopher, Richard und all den oben Genannten danke ich für die Unterstützung und Ermutigung sowie dafür, dass sie mich ein weiteres Mal dazu gebracht haben, an meinen Computer zurückzukehren und zu schreiben.

1. Kapitel

Ein kosmisches Geheimnis – die Anfänge

Das eigentliche Geheimnis, das jede Reise begleitet:
Wie kam der Reisende überhaupt an den Ausgangspunkt?

Louise Bogan, *Journey Around My Room*

Es war eine finstere, stürmische Nacht…

Anfang 1916 hatte Albert Einstein die großartigste Arbeit seines Lebens abgeschlossen – eine Jahrzehnte dauernde, intensive geistige Auseinandersetzung, in der er eine neue Theorie der Gravitation entwickelte und diese als Allgemeine Theorie der Relativität bezeichnete. Dabei handelte es sich jedoch nicht nur um eine neue Theorie der Schwerkraft, sondern auch um eine neue Theorie von Raum und Zeit. Und es war die erste wissenschaftliche Theorie, die nicht nur erklären konnte, wie Objekte sich durch das Universum bewegen, sondern auch, wie das Universum selbst sich möglicherweise entwickeln würde.

Die Sache hatte jedoch einen Haken. Als Einstein begann, seine Theorie auf die Darstellung des Universums insgesamt anzuwenden, wurde deutlich, dass sie nicht das Universum schilderte, in dem wir offensichtlich leben.

Jetzt, fast 100 Jahre später, kann man sich kaum wirklich

vorstellen, wie sehr sich das Bild unseres Universums in der Zeit eines Menschenlebens verändert hat. Was die wissenschaftliche Gemeinde im Jahr 1917 anging, galt das Universum als statisch und ewig, bestand aus einer einzigen Galaxie, unserer Milchstraße, und war umgeben von einem weitläufigen, unendlichen, finsteren und leeren Raum. Genau das, was man vermuten musste, wenn man mit bloßem Auge oder einem kleinen Fernrohr zum Nachthimmel aufschaute, und damals gab es kaum einen Grund, etwas anderes zu unterstellen.

Wie in Newtons Theorie der Schwerkraft ist die Gravitation auch in Einsteins Theorie eine ausschließlich anziehende Kraft zwischen allen Objekten. Das heißt, es ist unmöglich, eine Anordnung von Massen im Weltraum für alle Zeiten an Ort und Stelle zu halten. Ihre wechselseitige Anziehung aufgrund der Schwerkraft wird letztlich dafür sorgen, dass sie ineinanderfallen, was eindeutig im Widerspruch zu einem scheinbar statischen Universum steht.

Für Einstein war die Tatsache, dass seine Theorie der Allgemeinen Relativität offensichtlich nicht mit dem damals gültigen Bild des Universums übereinstimmte, ein größerer Schlag, als man heute vielleicht glaubt. Die tiefer liegenden Gründe erlauben es mir, mit einem Mythos über Einstein und die Allgemeine Relativität aufzuräumen, der mich immer gestört hat. Gewöhnlich geht man davon aus, dass Einstein jahrelang zurückgezogen in einer Art Elfenbeinturm arbeitete und mithilfe von reinem Denken und Vernunft zu seiner schönen, von der Wirklichkeit unabhängigen Theorie kam. (Vielleicht in der Art mancher Stringtheoretiker unserer Zeit.) Doch nichts könnte weiter von der Wahrheit entfernt sein.

Einstein ließ sich im Grunde immer von Experimenten

und Beobachtungen leiten. Während er im Geist viele »Gedankenexperimente« durchspielte und mehr als ein Jahrzehnt lang hart arbeitete, erlernte er neue mathematische Verfahren und folgte dabei vielen falschen theoretischen Hinweisen, ehe er schließlich eine Theorie hervorbrachte, die tatsächlich von mathematischer Schönheit war. Der wichtigste Moment für die Entwicklung seiner Liebesbeziehung zur Allgemeinen Relativität hatte jedoch mit Beobachtungen zu tun. Während der letzten hektischen Wochen, in denen er seine Theorie im Wettstreit mit dem deutschen Mathematiker David Hilbert vollendete, berechnete er mithilfe seiner Gleichungen eine Vorhersage, die ansonsten vielleicht eher als obskures astronomisches Resultat gegolten hätte: eine geringfügige Präzession im Perihel (dem Punkt der engsten Annäherung) der Umlaufbahn des Merkur um die Sonne.

Astronomen hatten schon seit Langem bemerkt, dass die Umlaufbahn des Merkur ein wenig von der abwich, die Newton vorhergesagt hatte. Diese Umlaufbahn war nämlich keine makellose Ellipse, die in sich selbst zurückführte, sondern wies eine geringfügige Präzession auf.* Deren Betrag ist mit 43 Bogensekunden (etwa 1/100 eines Grades) pro Jahrhundert unglaublich klein.

Als Einstein diese Berechnung mithilfe seiner Theorie der Allgemeinen Relativität ausführte, erhielt er genau die richtige Zahl. Abraham Pais, ein Biograf Einsteins, drückt es so aus: »Diese Entdeckung war, wie ich glaube, bei Weitem das stärkste emotionale Erlebnis in Einsteins wissenschaftlichem

* D. h. der Planet kehrt nach einem Umlauf nicht exakt zur selben Position zurück – die Ausrichtung der Ellipse verschiebt sich bei jedem Umlauf ein wenig, was letztlich eine Art Spiralform ergibt.

und möglicherweise in seinem gesamten Leben.« Er erklärte, Herzklopfen verspürt zu haben, als sei in seinem Inneren »etwas gesprungen«. Einen Monat später, als er im Gespräch mit einem Freund seiner Theorie »unvergleichliche Schönheit« attestierte, war seine Freude über die mathematische Form in der Tat sehr ausgeprägt, doch vom Herzklopfen war keine Rede mehr.

Die offensichtliche Unstimmigkeit zwischen der Allgemeinen Relativität und dem beobachteten »statischen« Universum bestand jedoch nicht lange – obwohl sie Einstein dazu veranlasste, eine Modifikation in seine Theorie einzubauen, die er später als seinen größten Fehler bezeichnete. Doch dazu weiter unten mehr. Inzwischen weiß jeder (mit Ausnahme gewisser Schulämter in den USA), dass das Universum nicht statisch ist, sondern sich ausdehnt, und dass diese Expansion vor etwa 13,7 Milliarden Jahren in einem unfassbar heißen, dichten Urknall begann. Ebenso bedeutend ist die Erkenntnis, dass unsere Galaxie nur eine von mehr als 100 Milliarden Galaxien im beobachtbaren Universum ist. Es geht uns hier wie den ersten Kartografen der Erde – wir fangen gerade an, das Universum in seinen größten Maßstäben zu erfassen. Da muss es einen natürlich nicht wundern, dass unser Bild des Universums in den letzten Jahrzehnten revolutionäre Wandlungen erfahren hat.

Die Entdeckung, dass das Universum nicht statisch ist, sondern vielmehr expandiert, hat tiefe philosophische und religiöse Bedeutung, weil sie nahelegt, dass unser Universum einen Anfang hat. Ein Anfang schließt Schöpfung ein, und Schöpfung rührt Emotionen auf. Während es nach der Entdeckung des expandierenden Universums im Jahr 1929 mehrere Jahrzehnte dauerte, bis die Vorstellung eines Urknalls unabhängige wissenschaftliche Bestätigung erhielt, verkündete Papst Pius XII. bereits 1951, dieser Befund sei ein Beleg für die Schöpfung. Er führte aus:

> ... es scheint, als sei es der heutigen Wissenschaft mit einem einzigen Streich über die Jahrhunderte zurück gelungen, Zeugnis abzulegen von dem erhabenen Augenblick des ersten Fiat Lux (Es werde Licht), als zusammen mit der Materie aus dem Nichts ein Meer aus Licht und Strahlung hervorbrach und sich aufteilte und sich zu Millionen Galaxien formte. Demnach hat [die Wissenschaft] mit der für wissenschaftliche Beweise charakteristischen Konkretion die Kontingenz des Universums bestätigt und dazu die wohlbegründete Deduktion der Epoche, in der die Welt aus der Hand des Schöpfers hervorging. Daher hat die Schöpfung stattgefunden. Wir sagen: Deshalb gibt es einen Schöpfer. Folglich gibt es Gott!

Dabei ist die komplette Geschichte ein wenig interessanter. Tatsächlich war es ein belgischer Priester und Physiker namens Georges Lemaître, der als Erster einen Big Bang in Erwägung zog. Lemaître verfügte über eine bemerkenswerte Kombination von Fähigkeiten. Er begann seine Studien mit dem Fach Ingenieurswissenschaften, war im Ersten Weltkrieg ein hochdekorierter Artillerist und wandte sich dann der Mathematik zu, während er Anfang der 1920er Jahre für das Priesteramt studierte. Dann befasste er sich mit Kosmologie und studierte zunächst bei dem berühmten britischen Astrophysiker Sir Arthur Stanley Eddington, ehe er nach Harvard ging und schließlich vom Massachusetts Institute of Technology (MIT) einen zweiten Doktortitel in Physik erhielt.

Ehe Lemaître 1927 seinen zweiten Doktortitel bekam, hatte er Einsteins Gleichungen für die Allgemeine Relativität gelöst und gezeigt, dass die Theorie ein nicht statisches Universum vorhersagt und tatsächlich nahelegt, dass das Universum, in dem wir leben, expandiert. Diese Feststellung erschien so ungeheuerlich, dass Einstein selbst energisch einwandte: »Ihre Mathematik ist korrekt, doch Ihre Physik ist abscheulich.«

Lemaître machte dennoch weiter – 1930 ging er außerdem davon aus, unser expandierendes Universum habe eigentlich als unendlich kleiner Punkt begonnen, den er als »Uratom« bezeichnete, wobei dieser Anfang »ein Tag ohne Gestern« sei (was vielleicht als Anspielung auf die Schöpfungsgeschichte gemeint war).

Die Vorstellung eines Urknalls, die Papst Pius so laut verkündete, war also zuerst von einem Priester entwickelt worden. Man könnte vielleicht annehmen, dass Lemaître über diese päpstliche Einschätzung begeistert war, doch er selbst hatte die Idee schon aufgegeben, dass diese wissenschaftliche Theorie theologische Konsequenzen haben könnte, und im Entwurf seines 1931 erschienenen Aufsatzes über den Urknall einen Absatz zu dieser Frage gestrichen.

Tatsächlich widersprach Lemaître später der vom Papst 1951 verkündeten Behauptung, der Urknall sei ein Schöpfungsbeweis.* Zu dieser Zeit war er in die vatikanische Pontifikalakademie gewählt worden, deren Präsident er später werden sollte. Er drückte es so aus: »Soweit ich das erkennen

* Nicht zuletzt, weil er erkannte, dass die römisch-katholische Behauptung einer Schöpfung bestritten werden könnte, falls seine Theorie sich später als falsch erweisen sollte.

kann, bleibt eine solche Theorie vollständig außerhalb jeder metaphysischen oder religiösen Fragestellung.« Der Papst kam später nie mehr öffentlich auf diese Behauptung zurück.

Daraus lässt sich eine wertvolle Lehre ziehen. Wie Lemaître erkannte, ist es eine wissenschaftliche und keine theologische Frage, ob der Urknall tatsächlich stattgefunden hat oder nicht. Mehr noch – auch wenn es den Urknall gegeben hat (was mittlerweile von allen Belegen in überwältigender Weise gestützt wird), stünde es jedem frei, ihn je nach seinen religiösen oder metaphysischen Vorlieben unterschiedlich zu interpretieren. Man kann sich dafür entscheiden, den Urknall als Anhaltspunkt für einen Schöpfer zu sehen, wenn man das Bedürfnis verspürt, oder stattdessen argumentieren, dass die Evolution des Universums bis zurück zu seinem Beginn durch die Mathematik der Allgemeinen Relativität ohne das Eingreifen einer Gottheit erklärt werde. Eine solche metaphysische Spekulation ist aber nicht von der physikalischen Gültigkeit des Urknalls selbst abhängig und für unser Verständnis dieses Ereignisses belanglos. Sobald wir über die bloße Existenz eines expandierenden Universums hinausgehen, um die physikalischen Prinzipien zu verstehen, die möglicherweise seinen Ursprung betreffen, kann die Wissenschaft diese Spekulation selbstverständlich weiter erhellen – wozu sie, wie ich noch zeigen werde, auch in der Lage ist.

Jedenfalls ließ sich die Welt der Wissenschaft weder durch Lemaître noch durch Papst Pius davon überzeugen, dass das Universum sich ausdehnt. Wie bei jeder guten wissenschaftlichen Erkenntnis ergaben sich die Beweise eher aus sorgfältigen Beobachtungen, in diesem Fall zusammengetragen von Edwin Hubble, der mir weiterhin großes Zutrauen in die

Menschheit vermittelt, weil er als Anwalt begann und dann Astronom wurde. Vorher hatte Hubble im Jahr 1925 einen bedeutenden Durchbruch mit dem Hooker-Teleskop auf dem Mount Wilson erzielt – mit 2,45 Meter Spiegeldurchmesser damals das größte weltweit.* Bis dahin konnten Astronomen mit den verfügbaren Teleskopen verschwommene Bilder von Objekten unterscheiden, bei denen es sich nicht um einfache Sterne unserer Milchstraße handelte. Sie bezeichneten sie als Nebel. Außerdem diskutierten sie darüber, ob diese Objekte sich innerhalb oder außerhalb unserer Galaxis befanden. Da das Universum zu dieser Zeit nach vorherrschender Meinung allein aus unserer Milchstraße bestand, fanden sich die meisten Astronomen im Lager der »Innerhalb unserer Galaxis«-Gruppe – angeführt von dem berühmten Astronomen Harlow Shapley in Harvard. Shapley hatte die Schule in der fünften Klasse geschmissen und später auf eigene Faust studiert; schließlich war er nach Princeton gegangen. Er entschied sich für Astronomie als Studienfach, weil es das Fach war, das im Lehrplan an erster Stelle stand. In grundlegenden Arbeiten zeigte er, dass die Milchstraße weit größer ist als ursprünglich angenommen, und auch, dass die Sonne nicht in deren Zentrum, sondern einfach in einer abgelegenen, uninteressanten Ecke liegt. In der Astronomie war er eine überragende Gestalt, weshalb seine Ansichten zur Natur der Nebel beträchtlichen Einfluss hatten.

Am Neujahrstag 1925 veröffentlichte Hubble die Ergebnisse seiner zweijährigen Studien sogenannter Spiralnebel. Damit war er in der Lage, in diesen Nebeln einschließlich

* Zum Vergleich: Inzwischen baut man Teleskope mit zehnfachem Durchmesser und hundertfacher Fläche!

der inzwischen als Andromeda bekannten Galaxie einen bestimmten Typ von variablen Sternen zu bestimmen, die als Cepheiden bezeichnet werden.

Bei den 1784 erstmals beobachteten variablen Sternen des Cepheiden-Typs variiert die Helligkeit in bestimmten regelmäßigen Perioden. 1908 wurde am Observatorium des Harvard College Henrietta Swan Leavitt, eine unbekannte und damals nicht gewürdigte Möchtegern-Astronomin, als »Auswerterin« beschäftigt.* Leavitt, Tochter eines von den Pilgervätern abstammenden Gemeindepastors, machte eine erstaunliche Entdeckung, die sie 1912 näher erforschte: Sie bemerkte, dass es zwischen der Helligkeit von Cepheiden und der Periode ihrer Schwankungen einen regelmäßigen Zusammenhang gab. Wenn man also die Entfernung zu einem einzelnen solchen Stern mit bekannter Periode (die anschließend, 1913, bestimmt wurde) ermitteln konnte, dann würde man mit der Messung der Helligkeit anderer Cepheiden mit derselben Periode die Entfernung zu diesen anderen Sternen feststellen können!

Da die beobachtete Helligkeit von Sternen mit dem Kehrwert des Quadrats der Entfernung zu dem jeweiligen Stern schwächer wird**, war es immer die zentrale Herausforderung der Astronomie gewesen, den Abstand weit entfernter Sterne zu bestimmen. Leavitts Entdeckung revolutionierte das Ge-

* Frauen, die diese Arbeit machten, wurden »Computer« genannt, da sie die Fotoplatten des Observatoriums auswerteten und die Helligkeit von Sternen katalogisierten – damals war es Frauen nicht erlaubt, die Teleskope der Sternwarte zu nutzen.

** Das Licht breitet sich gleichmäßig in Form einer Kugel aus, deren Fläche mit dem Quadrat der Entfernung zunimmt, und weil sich das Licht dabei auf eine zunehmend größere Kugeloberfläche verteilt, nimmt die an jedem Punkt beobachtete Lichtstärke mit dem Kehrwert der Kugeloberfläche ab.

biet.* In der Königlichen Akademie Schwedens hatte man bereits die Formalitäten eingeleitet, Leavitt für den Nobelpreis 1924 zu nominieren, als bekannt wurde, dass sie drei Jahre zuvor an Krebs gestorben war. Dank seiner starken Persönlichkeit, seiner Begabung zur Selbstdarstellung und seiner Fähigkeiten als Beobachter wurde Hubbles Name allgemein bekannt, während Leavitt leider nur den Liebhabern des Gebiets geläufig ist.

Mithilfe seiner Messungen von Cepheiden und Leavitts Relation von Periode und Lichtstärke konnte Hubble eindeutig beweisen, dass die Cepheiden in Andromeda und mehreren anderen Nebeln viel zu weit entfernt waren und deshalb nicht innerhalb der Milchstraße liegen konnten. Man fand heraus, dass Andromeda eine weitere Insel im Universum war, eine mit unserer Milchstraße fast identische Spiralgalaxie und eine der mehr als 100 Milliarden Galaxien, die es nach heutigem Wissen in unserem beobachtbaren Universum gibt. Hubbles Resultate waren eindeutig genug, weshalb die astronomische Gemeinschaft – einschließlich Shapley, der zu dieser Zeit übrigens Leiter des Observatoriums am Harvard College geworden war, wo Leavitt ihre bahnbrechende Arbeit geleistet hatte – rasch akzeptierte, dass die Milchstraße nicht alles ist, was uns umgibt. Mit einem Mal hatte sich die Größe des bekannten Universums um einen weit größeren Betrag als in den Jahrhunderten zuvor erweitert! Auch seine Natur hatte sich wie fast alles andere verändert.

Nach dieser dramatischen Entdeckung hätte Hubble sich

* Hubble selbst, der beim Nobelpreis übergangen wurde, erklärte oft, Leavitts Arbeit hätte die Auszeichnung verdient, obwohl er das vielleicht nur deshalb vorschlug, weil er ein natürlicher Kandidat dafür war, gemeinsam mit ihr den Nobelpreis für seine spätere Arbeit zu erhalten.

auf seinen Lorbeeren ausruhen können, doch ihm stand der Sinn nach Größerem, nämlich nach größeren Galaxien. Er maß immer schwächere Cepheiden in immer entfernteren Galaxien, was ihn in die Lage versetzte, das Universum in zunehmend größeren Maßstäben zu kartografieren. Dabei entdeckte er jedoch etwas, was noch bemerkenswerter war: Das Universum dehnt sich aus!

Zu diesem Ergebnis kam Hubble, als er die von ihm gemessenen Entfernungen von Galaxien mit einem Satz von Messungen verglich, die ein anderer amerikanischer Astronom namens Vesto Slipher vorgenommen hatte – er hatte die Spektren des Lichts untersucht, das von diesen Galaxien stammte. Will man verstehen, worum es sich bei diesen Spektren handelt, ist es notwendig, bis an den Anfang der modernen Astronomie zurückzugehen.

Eine der bedeutendsten Entdeckungen der Astronomie war, dass Sterne und Erde weitgehend aus denselben Stoffen zusammengesetzt sind. Wie so vieles in der modernen Astronomie begann es mit Isaac Newton. 1665 verdunkelte Newton als junger Wissenschaftler seinen Arbeitsraum, indem er den Fensterladen schloss. Ein kleines Loch ließ einen schmalen Streifen Sonnenlicht durch, den er durch ein Prisma leitete. Nun sah er, dass das Sonnenlicht sich in die vertrauten Farben des Regenbogens zerlegt hatte. Er kam zu dem Schluss, dass das weiße Licht der Sonne all diese Farben enthielt, und damit lag er richtig.

150 Jahre später untersuchte ein anderer Wissenschaftler das zerlegte Licht genauer und entdeckte inmitten der Farben dunkle Banden (Streifen). Er folgerte, dass sie auf Materialien in der äußeren Sonnenatmosphäre zurückzuführen sind,

die Licht bestimmter Farben oder Wellenlängen absorbieren. Diese als »Absorptionslinien« bekannt gewordenen Streifen konnte man mit Wellenlängen von Licht in Einklang bringen, von denen man wusste, dass sie von bekannten Stoffen auf der Erde absorbiert wurden – darunter Wasserstoff, Sauerstoff, Eisen, Natrium und Kalzium.

1868 beobachtete ein weiterer Wissenschaftler zwei neue Absorptionslinien im gelben Anteil des Sonnenspektrums, die keinem bekannten Element der Erde entsprachen. Er entschied, dass sie einem neuen Element zu verdanken sein mussten, das er Helium nannte. Eine Generation später wurde Helium auf der Erde entdeckt.

Beobachtet man das Spektrum der von anderen Sternen stammenden Strahlung, erhält man ein wichtiges wissenschaftliches Werkzeug zum Verständnis ihrer Zusammensetzung, Temperatur und Entwicklung. Von 1912 an beobachtete Slipher die Spektren des kombinierten Lichts verschiedener Spiralnebel und fand heraus, dass diese Spektren denen von Sternen in der Nähe glichen – abgesehen davon, dass die Wellenlängen der Absorptionslinien alle um den gleichen Betrag verschoben waren.

Damals verstand man dieses Phänomen als eine Folge des bekannten Doppler-Effekts, benannt nach dem österreichischen Physiker Christian Doppler, der 1842 erklärt hatte, die von einer bewegten Quelle stammenden Wellen würden gedehnt, wenn die Quelle ihren Abstand zum Beobachter vergrößerte, und komprimiert, wenn die Quelle auf ihn zukam. Darin zeigt sich ein Phänomen, das uns allen vertraut ist und das mich gewöhnlich an einen Cartoon von Sidney Harris erinnert. Dort sitzen zwei Cowboys draußen in der Prärie auf ihren Pferden und blicken auf einen entfernten Zug, und einer sagt zum anderen: »Ich liebe es, dieses einsame Heulen der Lokomotive zu hören, wenn die Frequenzgröße sich dank des Doppler-Effekts verändert!« Tatsächlich wird der Ton einer Lokomotivpfeife oder eines Krankenwagens zunehmend höher, wenn Zug oder Krankenwagen näher kommen, und tiefer, wenn sie sich von einem entfernen.

Wie sich zeigte, tritt dieses Phänomen bei Lichtwellen ebenso auf wie bei Schallwellen, wenn auch aus jeweils ein wenig anderen Gründen. Die von einer sich entfernenden Lichtquelle (entweder aufgrund ihrer lokalen Bewegung im Raum oder wegen der dort wirkenden Expansion des Raums) zu uns kommenden Wellen werden gedehnt, weshalb sie intensiver rot erscheinen als normal, da Rot dem langwelligen Ende des sichtbaren Spektrums entspricht. Wellen von einer näher kommenden Quelle werden dagegen komprimiert und erscheinen nach Blau hin verschoben.

Wie Slipher 1912 beobachtete, waren die Absorptionslinien des von allen Spiralnebeln kommenden Lichts fast alle systematisch zu längeren Wellenlängen hin verschoben.* Er kam zu dem korrekten Schluss, dass die meisten dieser Objekte sich mit beträchtlichen Geschwindigkeiten von uns entfernen.

Hubble konnte die von ihm beobachteten Entfernungen dieser Galaxien (als die man sie inzwischen erkannt hatte) mit Sliphers Messungen der Geschwindigkeiten vergleichen, mit denen sie sich entfernten. Unterstützt durch Milton Humason, einem Mitarbeiter am Mount Wilson, dessen technische Begabung so groß war, dass er vom Observatorium fest an-

* Nur wenige wie die von Andromeda waren zu kürzeren Wellenlängen hin verschoben.

gestellt wurde, obwohl er nicht einmal einen High-School-Abschluss hatte, gab Hubble 1929 die Entdeckung eines bemerkenswerten empirischen Zusammenhangs zwischen der Fluchtgeschwindigkeit und der Entfernung von Galaxien bekannt. Galaxien in größerer Entfernung von uns bewegten sich mit höheren Geschwindigkeiten von uns fort!

Auf den ersten Blick scheint diese bemerkenswerte Tatsache, dass fast alle Galaxien sich von uns entfernen und jene im doppelten Abstand auch doppelt so schnell davonfliegen, die in dreifacher Entfernung dreimal so schnell usw., offensichtlich auf die Aussage hinauszulaufen: *Wir sind der Mittelpunkt des Universums!*

Manche meiner Freunde meinen, ich müsse jeden Tag daran erinnert werden, *dass dies nicht der Fall ist*. Dennoch, es stimmt exakt mit der Beziehung überein, die Lemaître vorhergesagt hatte. Unser Universum dehnt sich tatsächlich aus.

Ich habe verschiedene Versuche unternommen, das zu erklären, und offen gesagt glaube ich nicht, dass es einen guten Weg gibt, solange man nicht abseits eingefahrener Wege denkt, was in diesem Fall heißt, außerhalb unseres Universums. Will man erkennen, was Hubbles Gesetz bedeutet, muss man den Aussichtspunkt der eigenen Galaxis mit seinem eingeschränkten Blickfeld verlassen und sich unser Universum von außen ansehen. Es ist schwierig, sich außerhalb eines dreidimensionalen Universums aufzustellen, doch es ist kein Problem, sich außerhalb einer zweidimensionalen Welt zu positionieren. Nachfolgend habe ich ein solches expandierendes Universum zu zwei verschiedenen Zeitpunkten gezeichnet. Wie man sieht, sind die Galaxien im zweiten Bild weiter voneinander entfernt.

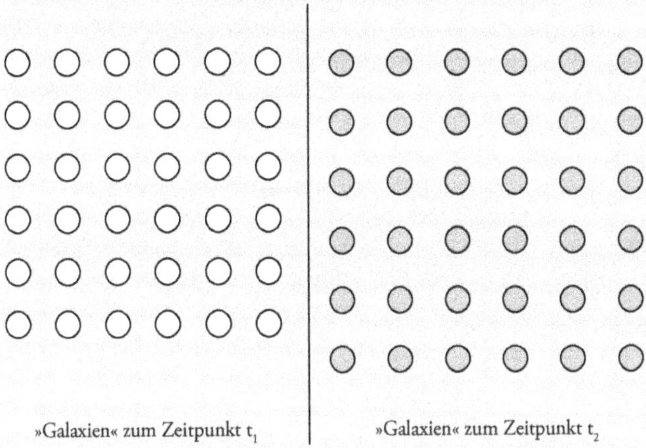

Nun stellen wir uns vor, wir befinden uns in einer der Galaxien des zweiten Bildes, die ich weiß markiere:

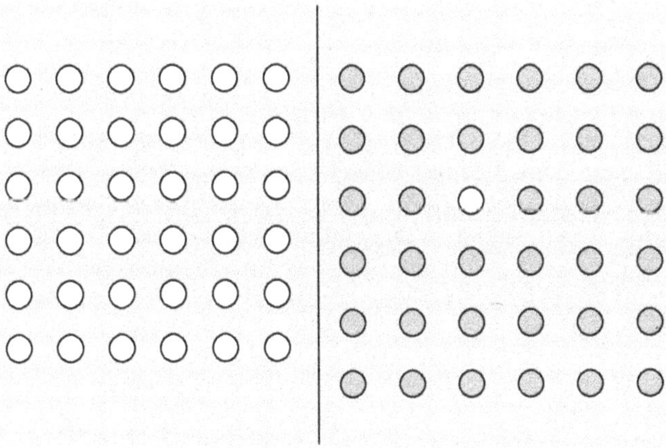

Um zu erkennen, wie die Evolution des Universums vom Aussichtspunkt dieser Galaxie aussähe, lege ich einfach das zweite Bild über das erste, wobei die Galaxie in Weiß mit sich selbst zur Deckung gebracht wird:

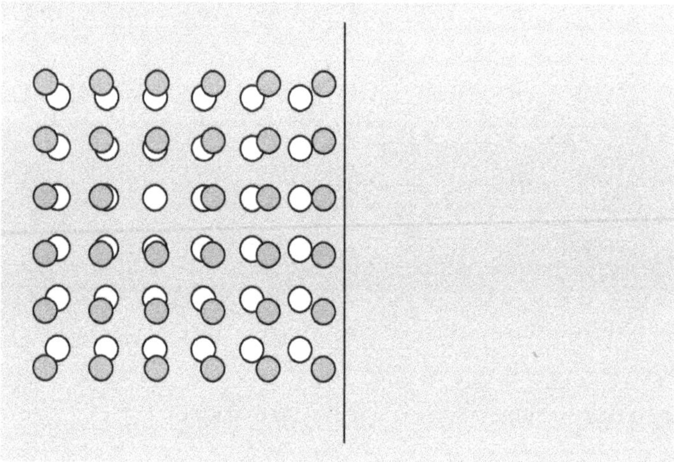

Voila! Vom Aussichtspunkt dieser Galaxie aus entfernen sich alle anderen Galaxien, und jene, die doppelt so weit entfernt sind, haben in derselben Zeit doppelten Abstand erreicht, jene in dreifacher Entfernung waren dreimal so schnell unterwegs usw. Solange kein Rand erkennbar ist, kommt es den Beobachtern in der Galaxie so vor, als befänden sie sich im Zentrum der Expansion.

Es spielt keine Rolle, welche Galaxie man wählt. Nehmen wir eine andere Galaxie und wiederholen den Vorgang:

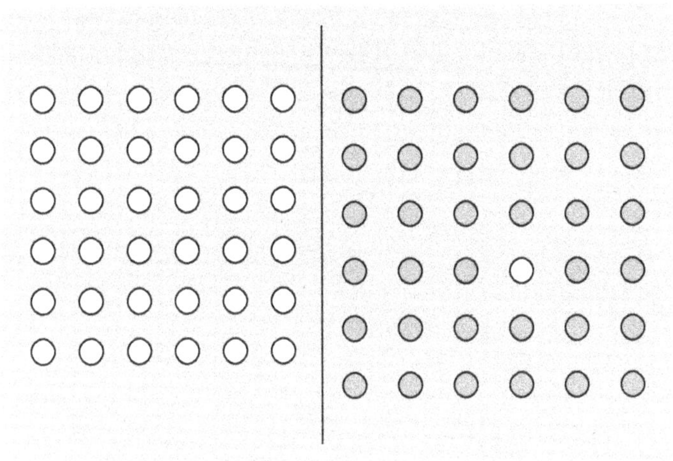

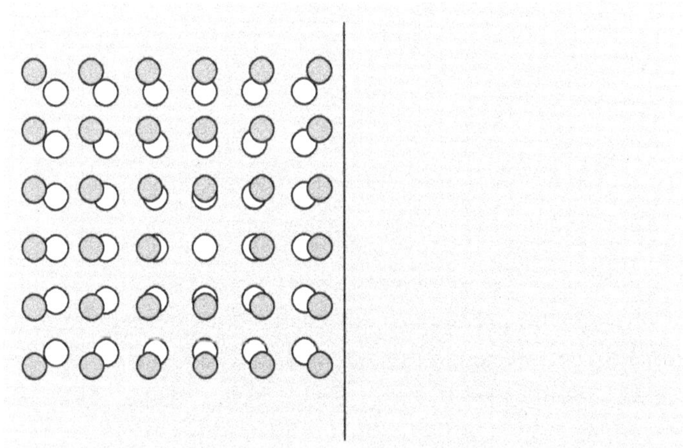

Aus der je eigenen Perspektive ist dann entweder *jeder Ort* das Zentrum des Universums, oder *kein Ort* ist es. Es spielt keine Rolle, Hubbles Gesetz steht im Einklang mit einem expandierenden Universum.

Als Hubble und Humason ihre Analyse im Jahr 1929 erstmals veröffentlichten, stellten sie nicht nur eine lineare Beziehung zwischen Entfernung und Fluchtgeschwindigkeit fest, sondern nannten auch eine quantitative Schätzung der Expansionsrate selbst. Hier folgen die in ihrem Aufsatz vorgestellten Daten:

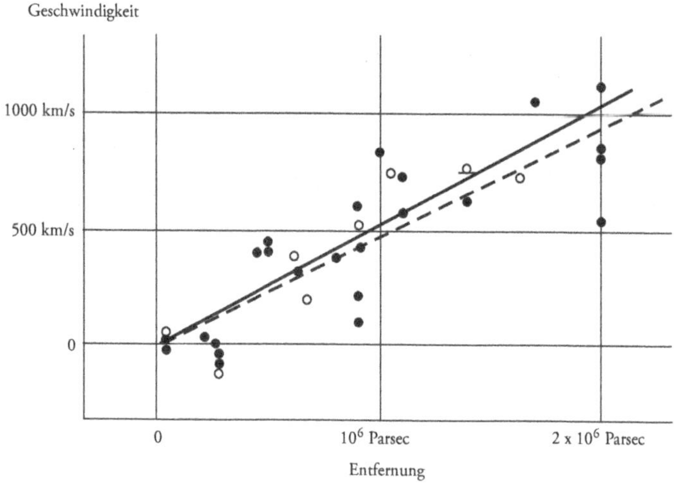

Wie es scheint, hat Hubble ein relativ glückliches Händchen gehabt, als er seinen Daten eine Gerade zuordnete.* Die aus der Grafik abgeleitete Expansionsrate legte nahe, dass eine Galaxie in einer Entfernung von einer Million Parsec (3 Millionen Lichtjahre) – das ist der durchschnittliche Abstand zwischen Galaxien – sich mit einer Geschwindigkeit von

* Es gibt eindeutig eine Beziehung, ob aber eine Gerade die beste Annäherung ist, kann man auf Grundlage seiner Daten allein auf keinen Fall entscheiden.

500 km/s von uns entfernt. Diese Schätzung war jedoch weniger glücklich.

Woran das liegt, ist relativ einfach zu erkennen. Wenn sich derzeit alles voneinander entfernt, lag es früher näher beisammen. Wenn nun die Schwerkraft eine anziehende Kraft ist, dann sollte sie die Expansion abbremsen. Das bedeutet, die Galaxie, die sich vor unseren Augen mit 500 km/s von uns entfernt, hätte sich früher schneller bewegen müssen.

Wenn wir jedoch für den Augenblick einfach annehmen, die Galaxie habe sich schon immer mit dieser Geschwindigkeit fortbewegt, können wir uns in die Vergangenheit zurückarbeiten und herausfinden, vor wie langer Zeit sie am gleichen Ort gewesen ist wie unsere Milchstraße. Da Galaxien in doppelter Entfernung sich zweimal so schnell bewegen, stellt sich heraus, dass sie sich alle exakt zur selben Zeit an unserer Position überlagert haben. Das gesamte beobachtbare Universum wäre in der Tat in einem einzigen Punkt, dem Big Bang oder Urknall, überlagert gewesen – zu einer Zeit, die wir auf diesem Weg abschätzen können. Eine solche Schätzung stellt eindeutig eine obere Grenze für das Alter des Universums dar, denn wenn die Galaxien sich einst schneller bewegt hätten, hätten sie ihre heutige Position in kürzerer Zeit erreicht, als diese Schätzung erwarten lässt.

Nach dieser auf Hubbles Analyse gestützten Schätzung hätte sich der Big Bang etwa vor 1,5 Milliarden Jahren ereignet. Doch bereits 1929 war aufgrund der Beweislage klar, dass die Erde älter als 3 Milliarden Jahre sein muss. (Außer für einige Leute in Tennessee, Ohio und ein paar anderen US-Staaten, die die Bibel wörtlich interpretieren.)

Nun wäre es für Wissenschaftler peinlich, wenn sie herausfänden, dass die Erde älter ist als das Universum. Wichtiger ist aber, dass das Resultat den Schluss nahelegt, dass an der Analyse etwas falsch sein muss. Ursache dieser Verwirrung war schlicht die Tatsache, dass Hubbles Schätzwerte der Entfernungen, abgeleitet allein mithilfe der Cepheiden innerhalb unserer Milchstraße, systematische Fehler aufwiesen. Die Entfernungsskala, die auf der Verwendung naher Cepheiden beruhte, mit denen man die Abstände weiter entfernter Cepheiden geschätzt hatte, um daraus wiederum abzuschätzen, wie weit Galaxien entfernt waren, in denen noch fernere Cepheiden beobachtet wurden – diese Skala war fehlerhaft.

Wie diese systematischen Auswirkungen überwunden wurden, ist eine lange und verworrene Geschichte, die hier nicht dargestellt werden kann und ohnehin keine Rolle mehr spielt. Denn inzwischen verfügen wir über eine weit bessere Möglichkeit zur Schätzung von Entfernungen. Hier eines meiner bevorzugten Fotos des Weltraumteleskops Hubble:

Es zeigt eine sehr, sehr weit entfernte schöne Spiralgalaxie vor sehr, sehr langer Zeit (vor sehr langer Zeit deshalb, weil das Licht dieser Galaxie eine gewisse Zeit – mehr als 50 Millionen Jahre – benötigt, um uns zu erreichen). Eine solche Spiralgalaxie, die unserer Milchstraße ähnelt, enthält etwa 100 Milliarden Sterne. Der helle Kern im Zentrum umfasst etwa 10 Milliarden Sterne. Auffallend ist der helle Stern links unten, der fast so hell leuchtet wie diese 10 Milliarden Sterne. Auf den ersten Blick könnte man mit gutem Grund annehmen, es handle sich um einen sehr viel näheren Stern in unserer Milchstraße, der zufällig ins Bild geraten ist. In Wahrheit ist es aber ein Stern in eben dieser Galaxie, der mehr als 50 Millionen Lichtjahre von uns entfernt ist.

Das ist eindeutig kein gewöhnlicher Stern. Es ist ein Stern, der gerade erst explodiert ist – eine Supernova als eines der strahlendsten Feuerwerke, die sich im Universum zeigen. Explodiert ein Stern, so strahlt er im Bereich sichtbaren Lichts für kurze Zeit (etwa einen Monat lang) mit einer Helligkeit von zehn Milliarden Sternen.

Zu unserem Glück explodieren Sterne nicht so oft – pro Galaxie ereignet es sich ungefähr einmal in hundert Jahren. Aber es ist zugleich unser Glück, dass es geschieht, denn andernfalls wären wir nicht hier. Im Zusammenhang mit dem Universum kommt mir kaum etwas poetischer vor als die Tatsache, dass letztlich jedes Atom unseres Körpers sich einst in einem Stern befand, der explodiert ist. Zudem stammen die Atome in meiner linken Hand wahrscheinlich von einem anderen Stern als die in meiner rechten. Wir alle sind buchstäblich Sternenkinder, und unser Körper besteht aus Sternenstaub.

Woher wissen wir das? Nun, wir können unsere Vorstellung des Urknalls zurück bis zu einem Zeitpunkt extrapolieren, in dem das Universum eine Sekunde alt war. Wir können berechnen, dass die gesamte beobachtete Materie in einem dichten Plasma komprimiert war, dessen Temperatur bei etwa 10 Milliarden Grad gelegen haben sollte. Bei dieser Temperatur können sehr leicht nukleare Reaktionen zwischen Protonen und Neutronen stattfinden, die sich verbinden und bei weiteren Kollisionen wieder auseinanderfallen. Verfolgen wir diesen Prozess, während das Universum abkühlt, können wir vorhersagen, wie häufig sich diese ursprünglichen nuklearen Bestandteile zu Atomkernen verbinden, die schwerer sind als Wasserstoff, also Helium, Lithium und so weiter.

Dabei stellen wir fest, dass in dem ersten Feuerball des Urknalls im Prinzip – jenseits von Lithium, dem drittleichtesten Atomkern in der Natur – keine Kerne gebildet wurden. Wir sind zuversichtlich, dass unsere Berechnungen zutreffen, weil unsere Vorhersagen für die kosmische Fülle der leichtesten Elemente exakt mit diesen Beobachtungen übereinstimmen. Diese leichtesten Elemente, nämlich Wasserstoff, Deuterium (der Kern schweren Wasserstoffs), Helium und Lithium, liegen mengenmäßig um zehn Größenordnungen auseinander.* Die Beobachtungen und theoretischen Vorhersagen stimmen über diese unfassbare Spanne hinweg überein.

Damit haben wir eine der berühmtesten, aussagekräftigsten und erfolgreichsten Vorhersagen, die uns bestätigen, dass der Big Bang sich tatsächlich ereignet hat. *Nur ein heißer Urknall*

* Ungefähr 25 Prozent der Masse von Protonen und Neutronen enden als Helium, während jeweils eines von 10 Milliarden Neutronen und Protonen zu einem Lithiumkern wird.

kann den beobachteten Überschuss leichter Elemente hervorbringen und mit der derzeit beobachteten Expansion des Universums in Übereinstimmung bleiben. Ich habe immer eine Karte in der Hosentasche stecken, auf der ein Vergleich der Vorhersagen zum Überschuss leichter Elemente und dem beobachteten Überschuss festgehalten ist. Jedes Mal, wenn ich jemanden treffe, der nicht glaubt, dass der Big Bang stattgefunden hat, kann ich die Karte vorzeigen. Üblicherweise komme ich in Diskussionen natürlich nie so weit, weil Leute, die schon vorher beschlossen haben, dass etwas an dem Bild nicht stimmt, sich selten von Daten beeindrucken lassen. Die Karte habe ich trotzdem immer dabei – weiter unten im Buch werde ich sie vorstellen.

Auch wenn Lithium für manche Menschen wichtig ist – für alle anderen sind die schwereren Atomkerne wie die von Kohlenstoff, Stickstoff, Sauerstoff, Eisen und so weiter weit wichtiger. Sie sind *nicht* im Verlauf des Urknalls entstanden, sondern konnten nur im feurigen Kern der Sterne hervorgebracht werden. Und es gibt nur einen Weg, auf dem sie heute in unsere Körper gelangt sein können – diese Sterne müssen so nett gewesen sein, zu explodieren und ihre Produkte in den Kosmos hinauszuspeien, damit die sich eines Tages in einem kleinen blauen Planeten in der Nähe des Sterns namens Sonne und seiner Umgebung vereinen konnten. Im Lauf der Geschichte unserer Galaxis sind etwa 200 Millionen Sterne explodiert. Diese Myriaden Sterne opferten sich, wenn man so will, damit wir eines Tages geboren werden konnten. Ich nehme an, das qualifiziert sie so gut wie sonst etwas für die Rolle als Erlöser.

Wie sich herausstellt, besitzt ein bestimmter Typ explodierender Sterne (Supernovae des Typs 1a) eine bemerkenswerte

Eigenschaft, was während der 1990er Jahre durch sorgfältige Studien mit hoher Genauigkeit gezeigt werden konnte: Supernovae des Typs 1a, die intrinsisch (absolut) heller sind, strahlen auch für längere Zeit. Die Korrelation ist empirisch sehr gut abgesichert, auch wenn wir sie theoretisch nicht vollständig verstehen. Das heißt, diese Supernovae sind sehr gute »Standardkerzen«. Damit ist gemeint, dass diese Supernovae zur Kalibrierung von Entfernungen verwendbar sind, weil so durch eine von der Entfernung unabhängige Messung ihre absolute Helligkeit direkt festgestellt werden kann. Beobachten wir eine Supernova in einer fernen Galaxie – und das ist möglich, weil sie alle sehr hell sind –, so können wir feststellen, wie lange sie leuchtet, und daraus auf ihre absolute Helligkeit schließen. Wenn wir dann ihre Helligkeit mithilfe unserer Teleskope messen, können wir exakt ableiten, wie weit die Supernova und ihre Heimatgalaxie entfernt sind. Wenn wir nun die »Rotverschiebung« des Lichts von den Sternen in dieser Galaxie messen, können wir deren Geschwindigkeit bestimmen und somit die Geschwindigkeit mit der Entfernung vergleichen. Daraus erhalten wir die Expansionsrate des Universums.

So weit, so gut, aber wenn pro Galaxie nur ungefähr einmal in hundert Jahren eine Supernova explodiert, wie wahrscheinlich ist es dann, dass wir je eine sehen können? Denn die letzte Supernova in unserer Milchstraße, die auf der Erde bemerkt worden ist, wurde 1604 von Johannes Kepler gesehen! Es wird gern behauptet, Supernovae in unserer Milchstraße würden nur zu Lebzeiten der größten Astronomen gesehen, und Kepler erfüllt dieses Kriterium mit Sicherheit.

Kepler, der als bescheidener Mathematiklehrer in Österreich begonnen hatte, wurde Assistent des Astronomen Tycho Brahe, der seinerseits eine frühere Supernova in unserer Milchstraße beobachtet und dafür vom dänischen König eine eigene Insel erhalten hatte. Mithilfe der von Brahe während eines ganzen Jahrzehnts gesammelten Daten der Planetenpositionen am Himmel leitete Kepler Anfang des 17. Jahrhunderts seine berühmten drei Gesetze der Planetenbewegungen ab:

1. Planeten bewegen sich in Ellipsen um die Sonne.
2. Die *Verbindungslinie* (»Fahrstrahl«) zwischen einem Planeten und der Sonne überstreicht in gleichen Zeiträumen jeweils gleiche *Flächen.*
3. Das *Quadrat* der *Umlaufzeit* eines Planeten ist direkt *proportional* der *dritten Potenz* der großen Bahnhalbachse.

Diese Gesetze bilden ihrerseits die Grundlage für Newtons Ableitung des universellen Gravitationsgesetzes, das fast ein Jahrhundert später formuliert wurde. Neben diesem bemerkenswerten Beitrag zur Astronomie verteidigte Kepler auch seine Mutter erfolgreich in einem Hexenprozess und schrieb die vielleicht erste Science-Fiction-Story über eine Reise zum Mond.

Eine der Möglichkeiten, eine Supernova zu sehen, ergibt sich heutzutage schlicht dadurch, dass man jeder Galaxie am Himmel einen anderen Doktoranden zuweisen könnte. 100 Jahre unterscheiden sich schließlich nicht großartig von der durchschnittlichen Zeit, die zur Erlangung eines Doktorgrads erforderlich ist (zumindest in kosmischer Hinsicht), und Doktoranden sind billig und reichlich verfügbar. Zum Glück müssen wir jedoch nicht auf so extreme Maßnahmen zurückgreifen, und das aus einem einfachen Grund: Das Universum ist riesig und alt, und deshalb gibt es immerzu seltene Ereignisse.

Man sollte nachts einmal in die freie Landschaft oder in die Wüste gehen, wo man Sterne sehen kann. Dort streckt man eine Hand in die Höhe und bildet mit Daumen und Zeigefinger einen kleinen Kreis. Diesen Kreis richtet man auf einen dunklen Fleck am Himmel, in dem keine Sterne sichtbar sind. In diesem dunklen Bereich könnte man mit einem hinreichend starken Teleskop, wie es heute verfügbar ist, etwa 100 000 Galaxien ausmachen, von denen jede Milliarden Sterne enthält. Da in hundert Jahren eine Supernova explodiert, sollte man bei 100 000 Galaxien im Blickfeld pro Nacht ungefähr drei Sterne explodieren sehen.

Genau das erleben Astronomen. Sie bewerben sich um Teleskop-Nutzungszeit, und in manchen Nächten sehen sie vielleicht einen explodierenden Stern, in manchen zwei, und in manchen Nächten ist der Himmel bewölkt, und sie sehen keine einzige Supernova. Auf diese Weise war es mehreren Forschergruppen möglich, die Hubble-Konstante mit einer Ungewissheit von weniger als 10 Prozent zu bestimmen. Die neue Zahl – etwa 70 Kilometer pro Sekunde für Galaxien in einer durchschnittlichen Entfernung von 3 Millionen Lichtjahren – ist fast um den Faktor zehn kleiner als die von Hubble und Humason. Daraus schließen wir, dass das Alter des Universums näher bei 13 Milliarden Jahren und nicht bei 1,5 Milliarden Jahren liegt.

Wie ich noch erläutern werde, stimmt auch das vollkommen mit unabhängigen Schätzungen für das Alter der ältesten Sterne in unserer Milchstraße überein. Von Brahe zu Kepler, von Lemaître zu Einstein und Hubble, und von den Sternspektren zum Überschuss an leichten Elementen: 400 Jahre moderner Wissenschaft haben ein bemerkenswertes und konsistentes Bild des expandierenden Universums geschaffen. Alles passt zusammen. Das Bild vom Urknall ist gut ausgearbeitet.

2. Kapitel

Eine kosmische Detektivgeschichte – wir wiegen das Universum

Es gibt bekanntes Wissen. Das sind Dinge, von denen wir wissen, dass wir sie wissen. Es gibt bekanntes Unwissen. Das heißt, es gibt Dinge, von denen wir wissen, dass wir sie nicht wissen. Aber es gibt auch unbekanntes Unwissen. Das sind Dinge, von denen wir nicht wissen, dass wir sie nicht wissen.

Donald Rumsfeld

Wenn feststeht, dass das Universum einen Anfang hatte und dass dieser Anfang eine finite und messbare Zeit in der Vergangenheit war, so ergibt sich daraus logischerweise als nächste Frage: »Wie wird es enden?« Genau diese Frage brachte mich dazu, von meinem eigentlichen Fachgebiet Teilchenphysik zur Kosmologie zu wechseln. Aufgrund detaillierter Messungen der Bewegung von Sternen und Gas in unserer Milchstraße sowie aus der Bewegung von Galaxien in großen Galaxienhaufen wurde während der 1970er und 1980er Jahre zunehmend klar, dass im Universum weit mehr vorhanden ist, als mit bloßem Auge oder Teleskopen wahrgenommen werden kann.

Im ungeheuren Maßstab der Galaxien ist die Gravitation die entscheidende wirksame Kraft. Wenn wir also die Bewegung von Objekten in diesen Größenordnungen messen, ist es uns möglich, die schwerkraftbedingte Anziehung zu sondieren, die diese Bewegung antreibt. Solche Messungen nahmen Anfang der 1970er mit der wegweisenden Arbeit der amerikanischen Astronomin Vera Rubin und ihrer Kollegen rasch zu. Rubin hatte ihren Abschluss mit einer Doktorarbeit in Georgetown gemacht. Dafür hatte sie Abendkurse besucht, während ihr Mann im Auto wartete – sie selbst konnte nicht fahren. Sie hatte sich in Princeton beworben, doch diese Universität nahm bis 1975 keine Frauen in ihr Graduiertenprogramm für Astronomie auf. Rubin gelang es, als zweite Frau überhaupt mit der Goldmedaille der Royal Astronomical Society ausgezeichnet zu werden. Diese Auszeichnung und ihre vielen anderen wohlverdienten Ehrungen erhielt sie für ihre bahnbrechenden Messungen zur Rotationsgeschwindigkeit unserer Galaxie. Rubin beobachtete Sterne und heiße Gase in immer größerer Entfernung vom Zentrum der Milchstraße und stellte fest, dass diese Bereiche viel schneller rotierten, als bislang vorhergesagt worden war. Dank ihrer Arbeit wurde den Kosmologen schließlich klar, dass diese Bewegung nur zu erklären war, wenn man von erheblich mehr Masse in der Milchstraße ausging, als man durch Addition der *gesamten* Massen des heißen Gases und der Sterne erhielt.

Diese Sicht brachte jedoch ein Problem mit sich. Genau jene Berechnungen, die die beobachtete Fülle leichter Elemente (Wasserstoff, Helium und Lithium) im Universum so schön erklären, teilen uns mehr oder weniger auch mit, wie viele Protonen und Neutronen, der Stoff normaler Materie, im Universum vorhanden sein müssen. Das liegt daran, dass die Menge des Endprodukts wie bei jedem Kochrezept – in diesem Fall für die nukleare Küche – davon abhängt, mit welchen Mengen an Zutaten man beginnt. Verdoppelt man die Rezeptangaben – etwa vier Eier statt zwei –, erhält man mehr von dem Endprodukt, in diesem Fall einem Omelett. Die aus dem Urknall hervorgehende ursprüngliche Dichte von Protonen und Neutronen im Universum, die mit der beobachteten Fülle von Wasserstoff, Helium und Lithium übereinstimmt, entspricht ungefähr der doppelten Menge an Bestandteilen, die wir in Sternen und heißem Gas sehen können. Wo sind diese Teilchen?

Möglichkeiten, Protonen und Neutronen zu verbergen, kann man sich leicht vorstellen (Schneebälle, Planeten, Kosmologen ... keiner von ihnen leuchtet), und so sagten viele Physiker voraus, dass in dunklen Objekten ebenso viele Protonen und Neutronen vorhanden seien wie in sichtbaren Objekten. Wenn wir jedoch zusammenzählen, wie viel »Dunkle Materie« existieren muss, um die Bewegung der Bestandteile in unserer Milchstraße erklären zu können, zeigt sich, dass das Verhältnis von Materie insgesamt zu sichtbarer Materie nicht zwei zu eins beträgt, sondern eher bei zehn zu eins liegt. Wenn das kein Fehler ist, kann die Dunkle Materie nicht aus Protonen und Neutronen bestehen. Es gibt einfach nicht genug davon.

Anfang der 1980er Jahre erfuhr ich als junger Teilchenphysiker von der Möglichkeit, dass es exotische Dunkle Materie geben könnte, was ich überaus faszinierend fand. Denn das hieß buchstäblich, dass nicht die altmodischen normalen Protonen und Neutronen die vorherrschenden Teilchen im Universum waren, sondern möglicherweise eine neue, exotische Art von Elementarteilchen. Es konnte etwas sein, das es auf der heutigen Erde nicht gab – ein geheimnisvolles Etwas, das zwischen den Sternen und in ihrer Mitte schwebte und geräuschlos die gesamte Schwerkraft-Show antrieb, die wir als Galaxie bezeichnen.

Zumindest für mich war noch faszinierender, dass sich daraus drei neue Forschungslinien ergaben, welche die physikalische Natur der Realität grundlegend neu erhellen konnten.

1. Falls diese Teilchen wie die schon genannten leichten Elemente im Urknall entstanden sind, sollten wir Vorstellungen über jene Kräfte nutzen können, welche die Wechselwirkungen der Elementarteilchen steuern*, und so den Überfluss der möglichen neuen, exotischen Teilchen im heutigen Universum abschätzen.
2. Es wäre vielleicht möglich, den Gesamtüberschuss Dunkler Materie im Universum auf der Grundlage theoretischer Vorstellungen der Teilchenphysik abzuleiten, oder man könnte neue Experimente vorschlagen, mit denen die Dunkle Materie zu entdecken wäre. Beides würde uns vielleicht zeigen, wie viel Materie es insgesamt gibt, und damit auch, welche Geometrie unser Universum besitzt. Aufgabe der Physik ist es nicht, Dinge zu erfinden, die wir nicht sehen können, um damit Dinge zu erklären, die wir sehen können, sondern sie hat herauszufinden, wie man sehen kann, was wir nicht sehen können – also zu erkennen, was zuvor unsichtbar war: die bekannten Unbekannten. Jeder neue Elementarteilchen-Kandidat für Dunkle Materie regt neue Möglichkeiten für Experimente an, mit denen die durch das Universum paradierenden Partikel direkt aufgespürt werden können. Dazu sind auf der Erde Vorrichtun-

* Statt der Interaktionen der Atomkerne, die bei der Bestimmung des Überflusses von Elementen eine Rolle spielen.

gen zu konstruieren, die diese Teilchen nachweisen, wenn die Erde ihren Weg durch den Weltraum kreuzt. Falls die Teilchen der Dunklen Materie in diffusen Ansammlungen die gesamte Milchstraße durchdringen, müssen wir keine Teleskope für die Suche nach fernen Objekten verwenden – sie sind dann in jedem Augenblick um uns herum, und terrestrische Detektoren könnten ihre Anwesenheit enthüllen.

3. Falls wir die Natur der Dunklen Materie und ihren Anteil bestimmen können, gelingt es uns vielleicht herauszufinden, wie das Universum enden wird.

Diese letzte Möglichkeit erschien als die aufregendste, weshalb ich mit ihr beginnen möchte. Tatsächlich ließ ich mich auf die Kosmologie ein, weil ich der Erste sein wollte, der erfährt, wie das Universum einmal enden wird.

Damals schien das eine gute Idee zu sein.

Als Einstein seine Theorie der Allgemeinen Relativität entwickelte, ging es im Grunde um die Möglichkeit, dass der Raum sich bei Anwesenheit von Materie oder Energie krümmen könnte. 1919 wurde aus dieser theoretischen Vorstellung mehr als nur Spekulation: Zwei Expeditionen beobachteten, wie Sternenlicht während einer Sonnenfinsternis genau in dem Maß durch die Sonne abgelenkt wurde, wie Einstein es für den Fall vorhergesagt hatte, dass die Sonne den sie umgebenden Raum krümmte. Einstein wurde fast schlagartig berühmt und sein Name allgemein bekannt.*

* Heutzutage glauben die meisten Menschen, der Grund für seine Berühmtheit sei die 15 Jahre zuvor formulierte Gleichung $E = mc^2$, doch das ist nicht richtig.

Wenn nun der Raum potenziell gekrümmt ist, dann wird die Geometrie unseres ganzen Universums plötzlich erheblich interessanter. Je nach der Gesamtmenge der Materie in unserem Universum könnte es in einer der drei verschiedenen Geometrien existieren, die als *offen*, *geschlossen* oder *flach* bezeichnet werden.

Es ist nur schwer vorstellbar, wie ein gekrümmter dreidimensionaler Raum überhaupt aussehen könnte. Da wir dreidimensionale Wesen sind, können wir uns einen gekrümmten dreidimensionalen Raum ebenso wenig intuitiv vor Augen führen, wie die zweidimensionalen Wesen aus dem berühmten Buch *Flatland* sich nicht vorstellen können, wie ihre Welt für einen dreidimensionalen Beobachter aussähe, wenn diese wie die Oberfläche einer Kugel gekrümmt wäre. Ist die Krümmung außerdem noch sehr klein, so ist kaum vorstellbar, wie man sie im normalen Leben überhaupt wahrnehmen könnte – genau wie viele Menschen zumindest im Mittelalter überzeugt waren, die Erde müsse flach sein, weil sie aus ihrer Perspektive flach aussah.

Gekrümmte dreidimensionale Universen sind schwer darzustellen – ein geschlossenes Universum ähnelt einer dreidimensionalen Kugel, was sich ziemlich einschüchternd anhört –, aber einige Aspekte sind leicht zu beschreiben. Würde man in einem geschlossenen Universum weit genug in die Ferne blicken, würde man seinen Hinterkopf sehen.

Diese exotischen Geometrien mögen einem unterhaltsam oder als eindrucksvolles Gesprächsthema vorkommen, doch praktisch hat ihre Existenz weit bedeutsamere Konsequenzen. Die Allgemeine Relativität besagt eindeutig, dass ein geschlossenes Universum, dessen Energiedichte von Materie in Form von Sternen und Galaxien und der noch exotischeren

Dunklen Materie beherrscht wird, eines Tages wieder in sich zusammenfallen *muss*. Dieser Vorgang lässt sich als Umkehrung des Big Bang verstehen – als Big Crunch, eine Art »großer Zusammenbruch«. Ein offenes Universum wird sich mit einer bestimmten Geschwindigkeit auf ewig immer weiter ausdehnen, und ein flaches Universum befindet sich genau auf der Grenze – es wird langsamer, kommt aber nie zum Stillstand.

Eine Bestimmung der Menge Dunkler Materie und damit der Massendichte des Universums insgesamt versprach demnach die Antwort auf die uralte Frage (zumindest so alt wie T.S. Eliot) zu liefern: Wird das Universum mit einem Donnerschlag oder mit einem Winseln enden? Die Geschichte, wie versucht wurde, die Gesamtmenge der Dunklen Materie im Universum zu bestimmen, reicht mindestens ein halbes Jahrhundert zurück. Man könnte ein ganzes Buch darüber verfassen, was ich mit meinem Buch *Quintessenz* auch schon getan habe. In diesem Fall zeigt sich jedoch, was ich sowohl mit Worten als auch mit einer Abbildung demonstrieren werde, dass ein einziges Bild zumindest mehr sagt als tausend (oder womöglich sogar 100 000) Worte.

Die größten durch Gravitation gebundenen Objekte im Universum heißen Galaxien-Supercluster. Sie können Tausende einzelner Galaxien oder mehr enthalten und sich über viele Dutzend Millionen Lichtjahre erstrecken. Die meisten Galaxien liegen innerhalb solcher Supercluster, und auch unsere Milchstraße existiert innerhalb des Virgo-Superclusters – dessen Zentrum fast 60 Millionen Lichtjahre von uns entfernt ist.

Da Supercluster so riesig und massereich sind, dürfte im Grunde alles, was überhaupt innerhalb von etwas liegt, in Clustern versammelt sein. Wenn wir also Galaxien-Supercluster wiegen und dann die Gesamtdichte solcher Cluster im Universum schätzen könnten, wären wir imstande, das Universum einschließlich der gesamten Dunklen Materie zu »wiegen«. Mithilfe der Gleichungen der Allgemeinen Relativität könnten wir dann bestimmen, ob die Menge der Materie für ein geschlossenes Universum ausreicht oder nicht.

So weit, so gut, aber wie können wir Objekte wiegen, deren Durchmesser Dutzende Millionen Lichtjahre beträgt? Ganz einfach. Wir nutzen die Schwerkraft.

1936 veröffentlichte Albert Einstein auf Drängen eines Amateur-Astronomen namens Rudi Mandl in der Zeitschrift *Science* einen kurzen Aufsatz mit dem Titel »Lens-Like Action of a Star by the Deviation of Light in the Gravitational Field« (Linsenartige Wirkung eines Sterns durch Lichtablenkung im Gravitationsfeld). In diesem kurzen Artikel zeigte Einstein die bemerkenswerte Tatsache, dass der Raum selbst wie eine Linse wirken und Licht beugen sowie dessen Bild vergrößern kann – genau wie die Linsen meiner Lesebrille.

1936 war eine freundlichere, höflichere Zeit, und es ist interessant, die formlose Einleitung von Einsteins Aufsatz zu lesen, denn schließlich wurde er in einer herausragenden Wissenschaftszeitschrift veröffentlicht: »Vor einiger Zeit stattete mir R. W. Mandl einen Besuch ab und bat mich, die Resultate einer kleinen Berechnung zu veröffentlichen, die ich auf seine Bitte hin angestellt habe. Dieser Artikel entspricht seinem Wunsch.« Möglicherweise wurde ihm diese Formlosigkeit zugestanden, weil er Einstein war, ich nehme jedoch lieber an, dass sie der Zeit geschuldet war, in der wissenschaftliche Ergebnisse noch nicht stets in eine weit von der Umgangssprache entfernte Sprache verpackt waren.

Jedenfalls war die Tatsache, dass Licht gekrümmten Bahnen folgt, wenn der Raum selbst in Anwesenheit von Materie gekrümmt ist, die erste bedeutsame Vorhersage der Allgemeinen Relativität. Außerdem war es, wie schon erwähnt, die Entdeckung, die Einsteins internationalen Ruf begründete. Insofern ist es vielleicht nicht ganz so überraschend, dass Einstein, wie man kürzlich herausfand, schon 1912 und damit um einiges vor der Zeit, zu der er seine Theorie der Allgemeinen Relativität vollendet hatte, Berechnungen anstellte, die im Grunde mit denen übereinstimmten, die er 1936 auf Bitte von Herrn Mandl veröffentlichte. Damals hatte er sich bemüht, eine beobachtbare Erscheinung zu finden, mit der er Astronomen davon überzeugen konnte, seine Vorstellungen zu überprüfen. Er machte sich nie die Mühe, seine frühere Arbeit zu veröffentlichen – vielleicht weil er 1912 zum gleichen Schluss gekommen war wie in seinem Artikel von 1936, dass es nämlich »keine große Chance gibt, dieses Phänomen zu beobachten«. Tatsächlich können wir nach Durchsicht seiner Notizbücher aus beiden Zeiträumen nicht mit Sicherheit sagen, ob er sich später überhaupt daran erinnern konnte, die ersten Berechnungen bereits 24 Jahre zuvor ausgeführt zu haben.

Wie Einstein bei beiden Gelegenheiten entdeckte, kann die Beugung des Lichts in einem Schwerefeld darauf hinauslaufen, dass die Lichtstrahlen, die von einem weit entfernten leuchtenden Objekt in verschiedene Richtungen ausgehen und dabei eine zwischen ihr und dem Beobachter liegende Massenverteilung passieren, genau um diese Masse gebeugt werden können. Dabei geschieht eben das, was auch beim Durchgang des Lichts durch ein normales Fernglas stattfindet – entweder wird das Bild des Ausgangsobjekts vergrößert, oder es entstehen zahlreiche Kopien vom Bild dieses Objekts, von denen einige verzerrt sein können (siehe folgende Abbildung).

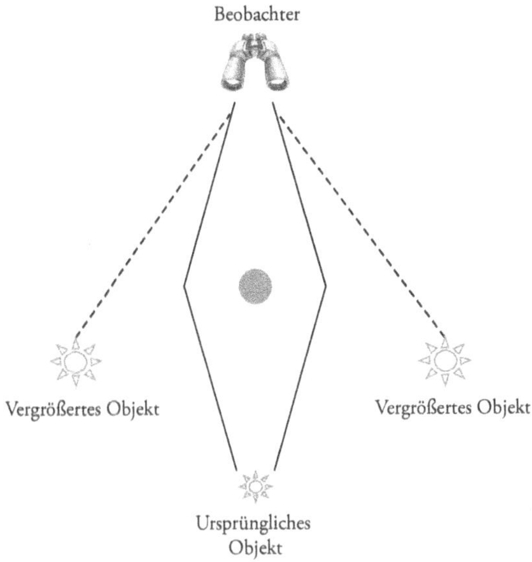

Einstein berechnete die vorhergesagten Auswirkungen des Linseneffekts für einen fernen Stern durch einen dazwischenliegenden Stern im Vordergrund. Der so berechnete Effekt war so klein, dass er absolut unmessbar zu sein schien. Das veranlasste ihn zu der oben zitierten Bemerkung, wonach es unwahrscheinlich sei, dass ein solches Phänomen je beobachtet werden könne. Folglich glaubte Einstein, sein Aufsatz habe wenig praktischen Wert. In seinem Begleitbrief an den Redakteur von *Science* drückte er es damals so aus: »Erlauben Sie mir auch, Ihnen für Ihre Zusammenarbeit bei dieser kleinen Veröffentlichung zu danken, die Herr Mandl mir abgenötigt hat. Ihr Wert ist gering, doch sie macht den armen Kerl glücklich.«

Doch Einstein war kein Astronom, und es bedurfte eines solchen, um zu bemerken, dass der von Einstein vorhergesagte Effekt vielleicht nicht nur messbar, sondern auch nützlich sein könnte. Der Nutzen stellte sich ein, als man ihn auf den Linseneffekt anwendete, den sehr große Systeme wie Galaxien oder gar Galaxien-Cluster auf sehr weit entfernte Objekte ausüben, und nicht auf die Auswirkung eines Sterns auf einen anderen. Innerhalb einiger Monate nach Einsteins Veröffentlichung legte der brillante Caltech-Astronom Fritz Zwicky der *Physical Review* einen Aufsatz vor, in dem er zeigte, wie genau diese Möglichkeit praktisch umzusetzen war.*

Zwicky war eine cholerische Persönlichkeit und seiner Zeit weit voraus. Schon 1933 hatte er die relative Bewegung von Galaxien im Coma-Cluster analysiert. Wie er mithilfe von Newtons Bewegungsgesetzen feststellte, waren die Galaxien dort so schnell unterwegs, dass sie eigentlich hätten auseinanderfliegen müssen, was den Galaxienhaufen zerstört hätte – es sei denn, der Cluster enthielt um den Faktor 100 mehr Masse, als durch die Sterne allein erklärt werden konnte. Demnach sollte man eigentlich Zwicky als den Entdecker der Dunklen Materie ansehen, doch damals war seine Folgerung so erstaunlich, dass die meisten Astronomen wahrscheinlich glaubten, es könne vielleicht eine weniger exotische Erklärung für das von ihm gelieferte Ergebnis geben.

Zwickys nur eine Seite umfassender Aufsatz von 1937 war ebenso bemerkenswert. Er schlug drei verschiedene Anwendungen für Gravitationslinsen vor: (1) Überprüfung der Allgemeinen Relativität, (2) Nutzung von Galaxien als eine Art Teleskop, mit dem weiter entfernte, mit irdischen Fernrohren

* Womit er indirekt auch Einstein herabsetzte, weil dieser den möglichen Linseneffekt durch Galaxien statt durch Sterne nicht erkannt hatte.

unsichtbare Objekte vergrößert werden konnten, und, als wichtigster Punkt, (3) Auflösung des Mysteriums, warum Cluster mehr zu wiegen scheinen, als durch sichtbare Materie erklärbar ist: »Beobachtungen der Ablenkung von Licht in der Umgebung von Nebeln liefern vielleicht die unmittelbarste Bestimmung für die Masse von Nebeln und könnten die oben angesprochene Diskrepanz erklären.«

Zwickys Aufsatz ist inzwischen 75 Jahre alt, liest sich jedoch wie ein moderner Vorschlag, das Universum mithilfe von Gravitationslinsen zu sondieren. Tatsächlich ist jeder einzelne seiner Vorschläge umgesetzt worden, und der letzte hat von allen die größte Bedeutung. 1987 wurden erstmals ferne Quasare durch Gravitationslinsen beobachtet, und 1998, 61 Jahre nachdem Zwicky vorgeschlagen hatte, Nebel mithilfe von Gravitationslinsen zu wiegen, hat man die Masse eines großen Clusters mithilfe einer Gravitationslinse bestimmt.

In jenem Jahr beobachteten der Physiker Tony Tyson und seine Kollegen bei den mittlerweile nicht mehr bestehenden Bell Laboratories* einen fernen großen Cluster mit der poetischen Bezeichnung CL 0024 + 1654 in etwa 5 Milliarden Lichtjahren Entfernung. Auf dem schönen, mit dem Hubble-Weltraumteleskop aufgenommenen Bild auf Seite 58 erkennen wir das spektakuläre Beispiel der mehrfachen Abbildung einer fernen Galaxie, die noch weitere 5 Milliarden Lichtjahre hinter dem Cluster liegt. Man sieht sie als stark verzerrte und in die Länge gezogene Bilder inmitten der ansonsten allgemein runderen Galaxien.

* Die Bell Laboratories konnten auf eine ebenso noble wie durch Nobelpreise geadelte Tradition großer Wissenschaft zurückblicken – von der Erfindung des Transistors bis zur Entdeckung der Kosmischen Mikrowellen-Hintergrundstrahlung.

Der Anblick dieses Bildes gibt der Phantasie Nahrung. Erstens stellt jeder Punkt auf dem Foto eine Galaxie und keinen Stern dar. Jede davon umfasst vielleicht 100 Milliarden Sterne und dazu wahrscheinlich viele 100 Milliarden Planeten und möglicherweise lange untergegangene Zivilisationen. Lange untergegangen sage ich, weil das Bild die Situation vor 5 Milliarden Jahren zeigt. Das Licht wurde 5000 Millionen Jahre vor der Zeit ausgesandt, in der unsere Sonne und die Erde entstanden sind. Viele der Sterne auf dem Foto existieren nicht mehr – sie haben ihren nuklearen Brennstoff vor Milliarden von Jahren verbraucht. Darüber hinaus zeigen die verzerrten Abbildungen genau das, was Zwicky als Möglichkeit vorgetragen hat. Die großen verzerrten Abbildungen links der Mitte sind stark vergrößerte (und in die Länge gezogene) Versionen dieser fernen Galaxie, die ansonsten wahrscheinlich überhaupt nicht sichtbar wäre.

Wenn wir ausgehend von diesem Bild die entsprechende Massenverteilung innerhalb des Clusters bestimmen wollen, stehen wir vor einer komplizierten und komplexen mathematischen Herausforderung. Tyson musste dafür ein Computermodell des Clusters entwerfen und alle möglichen Wege der Strahlen von der Quelle durch den Cluster nachvollziehen; mithilfe der Allgemeinen Relativität bestimmte er die entsprechenden Pfade, bis die dabei entstandenen Werte am besten mit den Beobachtungen übereinstimmten. Als der Staub sich verzogen hatte, erhielten Tyson und seine Mitarbeiter eine grafische Darstellung, die genau wiedergab, wo die Massen innerhalb des im Originalfoto abgebildeten Systems verteilt waren.

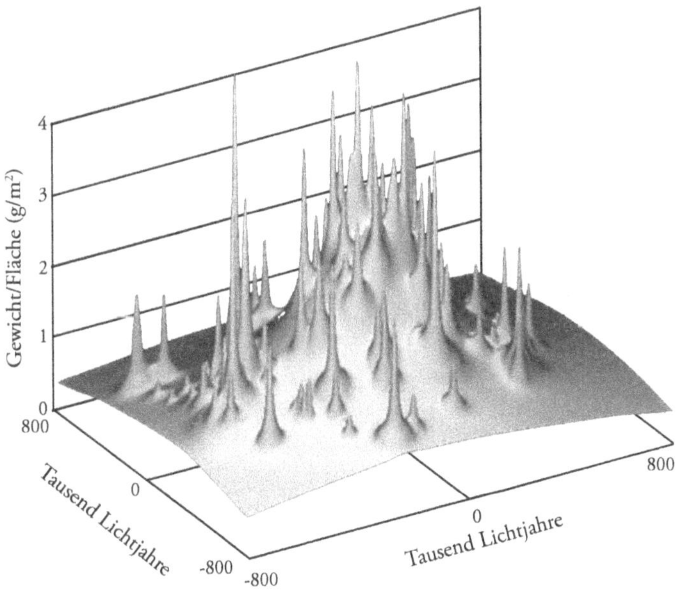

Auf diesem Bild ereignet sich etwas Merkwürdiges. Die Spitzen des Graphen stehen für den Ort der sichtbaren Galaxien im Ausgangsbild, doch der größte Teil der Masse des Systems befindet sich in einer glatten, dunklen Verteilung zwischen den Galaxien. Zwischen den Galaxien liegt tatsächlich mehr als das 40-Fache der Masse, die im System als sichtbare Materie vorhanden ist – das 300-Fache der in den Sternen allein vorliegenden Masse, während der Rest aus der sichtbaren Materie in Form heißer Gase in ihrer Umgebung besteht. Dunkle Materie ist eindeutig nicht auf Galaxien beschränkt, sondern dominiert auch die Dichte von Galaxien-Clustern.

Teilchenphysiker waren nicht überrascht von dem Befund, dass Dunkle Materie auch Cluster dominiert. Obwohl wir kein Fitzelchen eines direkten Beweises hatten, hofften wir alle, die Menge der Dunklen Materie würde so groß sein, dass ein flaches Universum herauskam – das lief darauf hinaus, dass im Universum 100-mal mehr Dunkle als sichtbare Materie vorhanden sein musste. Der Grund war ganz einfach: Ein flaches Universum ist das einzige mathematisch schöne Universum. Warum? Bleiben Sie dran.

Ob der Gesamtbetrag Dunkler Materie nun ausreicht, um ein flaches Universum zu garantieren, oder nicht – Beobachtungen wie die aus dem Gravitationslinseneffekt* und jüngere Beobachtungen auf anderen Gebieten der Astronomie haben bestätigt, dass die Gesamtmenge Dunkler Materie in Galaxien und Clustern nach heutigem Wissen weit über dem Betrag

* In diesem Zusammenhang sei daran erinnert, dass der Gravitationslinseneffekt ein Ergebnis der lokalen Krümmung des Raums um massive Objekte ist. Ob das Universum flach ist, hängt mit der globalen durchschnittlichen Krümmung des Raums zusammen, bei der die lokalen Verzerrungen um massive Objekte nicht berücksichtigt sind.

liegt, den die Berechnungen der Nuklearsynthese im Big Bang zulassen. Inzwischen sind wir uns praktisch sicher, dass die Dunkle Materie – sie wurde, um es noch einmal zu sagen, in unzähligen verschiedenen astrophysikalischen Zusammenhängen von Galaxien bis zu Galaxienhaufen unabhängig voneinander bestätigt – aus etwas vollkommen Neuem bestehen muss, etwas, das es auf der Erde normalerweise nicht gibt. Diese Art von Material, das kein Sternenstoff ist, ist auch kein irdischer Stoff! Aber es ist zweifellos etwas!

Diese frühesten schlüssigen Hinweise auf Dunkle Materie in unserer Milchstraße haben ein ganz neues Gebiet der Experimentalphysik hervorgebracht. Es freut mich, sagen zu können, dass ich bei deren Entwicklung eine Rolle gespielt habe. Die Partikel der Dunklen Materie befinden sich, wie schon weiter oben angesprochen, überall um uns herum – in meinem Arbeitszimmer ebenso wie »dort draußen« im Weltall. Von daher können wir experimentell danach Ausschau halten und nach der neuen Art eines oder mehrerer Elementarteilchen suchen, aus denen sie besteht.

Diese Experimente werden schon durchgeführt – in Stollen und Tunneln tief unter der Erde. Warum im Untergrund? Weil wir auf der Erdoberfläche ständig von allen Arten kosmischer Strahlen bombardiert werden – von der Sonne und von viel weiter entfernten Objekten. Da Dunkle Materie ihrem Wesen nach nicht elektromagnetisch reagiert und damit kein Licht erzeugt, gehen wir davon aus, dass ihre Wechselwirkungen mit normaler Materie extrem schwach sind, weshalb sie äußerst schwer aufzuspüren sein wird. Selbst wenn wir tagtäglich von Millionen Partikeln Dunkler Materie bombardiert würden, sollte der größte Teil davon durch uns und die Erde dringen, ohne auch nur zu »bemerken«, dass wir hier sind – und ohne dass wir es zur Kenntnis nehmen. Wenn wir also die Auswirkungen der sehr seltenen Ausnahmen von dieser Regel registrieren wollen – Teilchen der Dunklen Materie, die tatsächlich von Atomen der Materie abprallen –, sollte man am besten darauf vorbereitet sein, sehr seltene und mit geringer Regelmäßigkeit auftretende Ereignisse aufzuspüren. Nur im Untergrund sind wir so gut gegen kosmische Strahlung abgeschirmt, dass dies überhaupt prinzipiell möglich wird.

Während ich dies niederschreibe, zeigt sich jedoch eine ebenso aufregende Möglichkeit. Der Large Hadron Collider (LHC) im schweizerischen Genf hat als weltgrößter und stärkster Teilchenbeschleuniger gerade seinen Betrieb aufgenommen. Wegen der sehr hohen Energien, mit denen dort Protonen aufeinandergeschossen werden, haben wir viele gute Gründe für die Überzeugung, dass dort Bedingungen wie im sehr frühen Universum reproduziert werden, wenn auch nur über mikroskopisch kleine Bereiche. In solchen Bereichen könnten nun genau jene Wechselwirkungen, bei denen im sehr frühen Universum das entstand, was wir heute als Teilchen der Dunklen Materie annehmen, möglicherweise auch im Labor erzeugt werden! Deshalb findet derzeit ein großes Rennen statt. Wer wird die Teilchen der Dunklen Materie zuerst aufspüren, die Experimentatoren tief im Untergrund oder die Physiker am LHC? Wer auch immer das Rennen gewinnen wird – die gute Nachricht lautet, dass dabei keiner verliert. Wir alle können nur gewinnen, wenn wir erfahren, worum es sich beim ultimativen Stoff der Materie wirklich handelt.

Auch wenn die geschilderten astrophysikalischen Messungen nicht verraten, was Dunkle Materie eigentlich ist, sagen sie uns doch, wie viel es davon gibt. Eine abschließende direkte Bestimmung der gesamten Materiemenge im Universum entstammte den schönen Schlussfolgerungen aus den bereits dargestellten Messungen mit Gravitationslinsen, die mit anderen Beobachtungen der Röntgenemissionen aus Clustern kombiniert wurden. Unabhängige Schätzungen der Gesamtmasse von Clustern sind möglich, weil die Temperatur der die Röntgenstrahlung erzeugenden Gase im Cluster mit der Gesamtmasse des Systems zusammenhängt, in dem sie emittiert werden. Die Ergebnisse waren eine Überraschung und für viele von uns Wissenschaftlern, wie schon angedeutet, eine Enttäuschung. Denn als der Staub sich sowohl buchstäblich als auch metaphorisch gelegt hatte, stellte man fest, dass die Gesamtmasse innerhalb von Galaxien und Clustern samt ihrer Umgebung nur etwa 30 Prozent der Gesamtmasse ausmacht, die heute erforderlich wäre, um zu einem flachen Universum zu gelangen.*

Einstein hätte sich gewundert, dass seine »kleine Veröffentlichung« letztlich alles andere als nutzlos war. Sein kleiner Schritt in die Welt des gekrümmten Raums hat sich am Ende in einen großen Sprung verwandelt. Denn er wurde ergänzt durch bemerkenswerte neue Werkzeuge für Experimente und Beobachtungen, die neue Fenster in den Kosmos öffneten. Dazu kamen neue theoretische Entwicklungen, die Einstein erstaunt und entzückt hätten, sowie die Entdeckung der Dunklen Materie, die wahrscheinlich seinen Blutdruck in die Höhe getrieben hätte. Anfang der 1990er Jahre schien es, als

* Man beachte, dass dies mehr als das 40-Fache der Masse ist, die durch sichtbare Materie erklärt werden kann, welche demnach weniger als 1 Prozent der für ein flaches Universum erforderlichen Masse ausmacht.

hätte man den Heiligen Gral der Kosmologie gefunden. Beobachtungen hatten ergeben, dass wir in einem offenen Universum leben, also einem, das sich für immer ausdehnen würde. Aber hatten sie das wirklich?

3. Kapitel

Licht vom Anfang der Zeit

Wie es war im Anfang, jetzt und immerdar,
und von Ewigkeit zu Ewigkeit.

Gloria Patri

Der Versuch, die eindeutige Krümmung des Universums zu bestimmen, indem wir die darin enthaltene Gesamtmasse messen und uns dann mithilfe der Gleichungen der Allgemeinen Relativität dahin zurückarbeiten, stößt, wenn wir darüber nachdenken, auf gewaltige Probleme. Unausweichlich müssen wir uns fragen, ob Materie auf eine Weise verborgen ist, die wir nicht aufdecken können. So lässt sich die Existenz von Materie innerhalb dieser Systeme beispielsweise nur mittels der schwerkraftbedingten Dynamik sichtbarer Systeme wie Galaxien und Galaxienhaufen erforschen. Würde eine signifikante Masse irgendwie an anderen Orten existieren, so entginge sie uns. Viel besser wäre es, die Geometrie des gesamten sichtbaren Universums direkt zu messen.

Wie aber lässt sich die dreidimensionale Geometrie des gesamten Universums überhaupt messen? Leichter ist es, mit einer schlichteren Frage zu beginnen: Wie würden wir feststellen, ob ein zweidimensionales Objekt wie die Erdoberfläche gekrümmt ist, wenn wir nicht rund um die Erde wandern könnten oder nicht in der Lage wären, uns in einem Satelliten über sie zu erheben und hinabzuschauen?

Als Erstes könnten wir einen Gymnasiasten nach der Winkelsumme im Dreieck fragen.* Wir würden hören, es sind 180 Grad, weil der Schüler ohne Zweifel die euklidische Geometrie erlernt hat – die befasst sich mit ebenen Flächen. Auf einer gekrümmten zweidimensionalen Oberfläche wie einem Globus kann man ein Dreieck zeichnen, dessen Winkelsumme größer ist als 180 Grad. Dazu können wir uns beispielsweise vorstellen, eine Linie entlang des Äquators zu zeichnen, an einem Ende einen rechten Winkel zu konstruieren, die Linie zum Nordpol weiterzuführen und von dort mit einem weiteren rechten Winkel zum Äquator zurückzukehren – wie auf der folgenden Zeichnung. Dreimal 90 ergibt 270, das ist weit mehr als 180 Grad. Schau an!

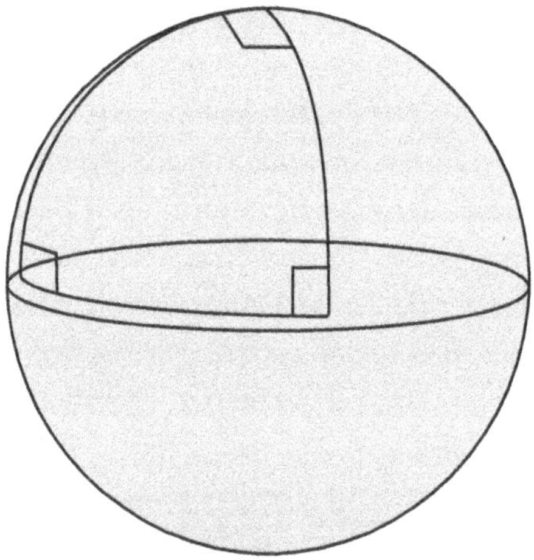

* Die Schule sollte man jedoch sorgfältig auswählen … eine in Europa ist im Gegensatz zu einer x-beliebigen US-amerikanischen ein guter Tipp.

Wie sich zeigt, ist dieses einfache zweidimensionale Denken direkt und in gleicher Weise auf drei Dimensionen erweiterbar. So erkannten die Mathematiker, die als Erste nicht-flache oder nicht-euklidische Geometrien vorschlugen, dass in drei Dimensionen die gleichen Möglichkeiten bestehen könnten. Carl Friedrich Gauß, der berühmteste Mathematiker des 19. Jahrhunderts, war in der Tat fasziniert von der Möglichkeit, dass unser Universum gekrümmt sein könnte. In den 1820er und 1830er Jahren verwendete er Daten geodätischer Übersichtskarten, um große Dreiecke zwischen den Berggipfeln des Hohen Hagen, des Inselbergs und des Brocken zu vermessen – so wollte er feststellen, ob er irgendeine Krümmung des Raums aufspüren konnte. Die Berge befinden sich aber auf der gekrümmten Oberfläche der Erde, was natürlich bedeutet, dass die zweidimensionale Krümmung der Erdoberfläche sich auf jede Messung ausgewirkt hätte, mit der Gauß die Hintergrundkrümmung des die Erde enthaltenden dreidimensionalen Raums zu erforschen suchte – das muss ihm bewusst gewesen sein. Ich nehme an, er hatte vor, jeden derartigen Beitrag von seinen Endresultaten abzuziehen, um zu sehen, ob dabei eine Krümmung übrig blieb, die einer Krümmung des Hintergrundraums zuzurechnen war.

Es war der im abgelegenen russischen Kasan lebende, weniger bekannte Mathematiker Nikolai Iwanowitsch Lobatschewski, der als Erster versuchte, die Krümmung des Raums zu messen. Anders als Gauß war Lobatschewski einer von zwei Mathematikern, die so kühn waren, in einem Artikel die Möglichkeit sogenannter hyperbolischer gekrümmter Geometrien vorzuschlagen, in denen parallele Linien zusammenlaufen konnten. Es ist bemerkenswert, dass Lobatschewski seine Arbeit über hyperbolische Geometrie, die wir inzwischen als

»negativ gekrümmte« oder »offene« Universen bezeichnen, im Jahr 1830 veröffentlichte.

Als Lobatschewski wenig später überlegte, ob unser dreidimensionales Universum möglicherweise hyperbolisch sei, regte er an, dass es möglich sein könnte, »ein Dreieck aus Sternen heranzuziehen, um diese Frage experimentell zu lösen«. Er schlug vor, den hellen Stern Sirius zu beobachten, wenn die Erde sich im Abstand von sechs Monaten auf der einen bzw. der anderen Seite ihrer Umlaufbahn um die Sonne befand. Aus Beobachtungen schloss er, jede Krümmung unseres Universums müsse *wenigstens* das 166 000-Fache des Radius der Erdumlaufbahn betragen.

Eine große Zahl, die aber in kosmischen Maßstäben verschwindend klein ist. Obwohl Lobatschewski den richtigen Einfall hatte, war er leider durch die Technik seiner Zeit eingeschränkt. 150 Jahre später hat sich das jedoch geändert. Das haben wir der wichtigsten Sammlung von Beobachtungen in der gesamten Kosmologie zu verdanken, den Messungen der Kosmischen Mikrowellen-Hintergrundstrahlung (CMBR: *Cosmic Microwave Background Radiation*).

Die CMBR ist nichts weniger als das Nachglühen des Urknalls. Sie liefert, sofern das noch nötig sein sollte, einen weiteren direkten Beweis dafür, dass der Big Bang wirklich stattgefunden hat. Sie ermöglicht es uns, direkt in die Vergangenheit zu blicken und die Natur des sehr jungen, heißen Universums aufzuspüren, aus dem alle heute sichtbaren Strukturen hervorgegangen sind.

Zu den vielen bemerkenswerten Aspekten der Kosmischen Mikrowellen-Hintergrundstrahlung gehört, dass sie ausgerechnet in New Jersey von zwei Wissenschaftlern entdeckt wurde, die wirklich nicht die geringste Ahnung hatten, wonach sie Ausschau hielten. Dazu kommt, dass sie uns jahrzehntelang praktisch vor Augen stand und potenziell hätte beobachtet werden können, uns aber vollkommen entging. Tatsächlich dürfte so mancher alt genug sein, dass er ihre Wirkungen gesehen hat, ohne sich darüber klar zu sein – man braucht sich nur an die Zeit vor dem Kabelfernsehen zu erinnern, als die Sender ihren Sendetag in den frühen Morgenstunden beendeten, anstatt die ganze Nacht über als Nachrichten getarnte Werbung laufen zu lassen. Wenn der Sender nach dem Testbild abgeschaltet wurde, fiel der Bildschirm auf statisches Rauschen zurück. Ungefähr ein Prozent dieses auf der Mattscheibe sichtbaren statischen Rauschens war vom Urknall übrig gebliebene Strahlung.

Der Ursprung der Kosmischen Mikrowellen-Hintergrundstrahlung ist relativ leicht zurückzuverfolgen. Da das Universum ein endliches Alter hat* und wir beim Blick auf immer entferntere Objekte immer weiter in die Vergangenheit schauen – das Licht braucht länger, um von diesen Objekten aus zu uns zu gelangen –, kann man sich vielleicht vorstellen, dass wir den Urknall selbst sehen könnten, wenn es uns nur gelänge, weit genug zu schauen. Prinzipiell ist das nicht ausgeschlossen, praktisch aber liegt zwischen uns und jener sehr frühen Zeit eine Mauer. Keine physische Mauer wie die Wände des Raums, in dem ich an diesem Buch schreibe, aber eine, die weitgehend die gleiche Wirkung hat.

Hinter die Wände meines Zimmers kann ich nicht schauen, weil sie undurchsichtig sind. Sie absorbieren Licht. Wenn ich nun immer weiter nach draußen und damit in der Zeit zurückblicke, betrachte ich das Universum in einem immer

* Es sind, wie wir uns erinnern, 13,72 Milliarden Jahre.

jüngeren und auch immer heißeren Zustand, weil es sich seit dem Big Bang immer weiter abgekühlt hat. Blickt man ausreichend weit zurück in eine Zeit, in der das Universum etwa 300 000 Jahre alt war, lag die Temperatur des Universums bei ungefähr 3000 Kelvin. Bei dieser Temperatur war die Strahlung so energiereich, dass sie die im Universum vorherrschenden Wasserstoffatome in ihre Bestandteile, Protonen und Elektronen, zerlegen konnte. Vor diesem Zeitpunkt existierte keine neutrale Materie. Die gesamte Materie des Universums lag als dichtes »Plasma« aus geladenen Teilchen vor, die mit der Strahlung interagierten.

Ein Plasma kann jedoch für Strahlung undurchlässig sein. Die geladenen Teilchen im Plasma absorbieren Photonen und geben sie wieder ab, weshalb Strahlung ein solches Material nicht leicht passieren kann, ohne abgefangen zu werden. Wenn ich versuche, in der Zeit rückwärts zu schauen, kann ich folglich nicht hinter den Zeitpunkt zurückgehen, zu dem das Universum zuletzt weitgehend aus einem solchen Plasma bestand.

Das ist, um es zu wiederholen, wie bei den Wänden meines Zimmers. Ich kann sie nur sehen, weil Elektronen in Atomen an der Oberfläche der Wand Licht aus der Beleuchtung meines Arbeitszimmers absorbieren und es dann wieder abgeben, während die Luft zwischen mir und den Wänden durchsichtig ist. Beim Universum verhält es sich genauso. Wenn ich nach draußen blicke, kann ich bis zu dieser »letzten streuenden Oberfläche« schauen. Das ist der Punkt, an dem das Universum neutral wurde – die Protonen verbanden sich mit den Elektronen und bildeten neutrale Atome. Danach wurde das Universum für Strahlung weitgehend transparent, und von nun an kann ich die Strahlung sehen, die von den Elektronen absorbiert und wieder abgegeben wurde, als die Materie im Universum neutral wurde.

Aus der Vorstellung des Universums mit dem Beginn in einem Urknall ergibt sich demnach als *Vorhersage*, dass es Strahlung geben sollte, die mich von dieser »letzten streuenden Oberfläche« her aus allen Richtungen erreicht. Da das Universum sich seit dieser Zeit um den Faktor von ungefähr 1000 ausgedehnt hat, ist die Strahlung auf dem Weg zu uns kälter geworden und hat nun eine Temperatur von annähernd 3 Grad über dem absoluten Nullpunkt. Und 1965 haben die beiden oben genannten Wissenschaftler in New Jersey zufällig genau dieses Signal gefunden, für dessen Entdeckung sie später mit dem Nobelpreis geehrt wurden.

In jüngerer Zeit ist für Beobachtungen der Kosmischen Mikrowellen-Hintergrundstrahlung ein zweiter Nobelpreis vergeben worden, und das aus gutem Grund. Könnten wir ein »Foto« dieser letzten streuenden Oberfläche aufnehmen, erhielten wir ein Abbild des neugeborenen Universums, als dieses gerade mal 300 000 Jahre existierte. Wir könnten all jene Strukturen erkennen, die eines Tages zu den Formen von Galaxien, Sternen, Planeten, Außerirdischen und allem anderen kollabieren sollten. Besonders bedeutsam ist, dass diese Strukturen unbeeinflusst wären von der gesamten nachfolgenden dynamischen Entwicklung, welche die eigentliche Natur und den Ausgangspunkt all der anfangs winzigen ursprünglichen Störungen in Materie und Energie verdecken kann, die vermutlich durch exotische Prozesse in den frühesten Augenblicken des Urknalls erzeugt wurden.

Für uns ist jedoch am bedeutsamsten, dass sich auf dieser Oberfläche eine charakteristische Skala befindet, die von nichts anderem als der Zeit selbst dort eingeprägt worden ist. Das ist so zu verstehen: Betrachten wir auf der letzten streuenden Oberfläche eine Strecke, die sich für einen irdischen Beobachter über ein Grad erstreckt, so entspräche das auf dieser Oberfläche einer Entfernung von etwa 300 000 Lichtjahren. Nun spiegelt die letzte streuende Oberfläche eine Zeit wider, zu der das Universum selbst ungefähr 300 000 Jahre alt war, und laut Einstein kann keine Information schneller als das Licht unterwegs sein. Deshalb konnte zu jener Zeit von einem Ort kein Signal mehr als 300 000 Lichtjahre über diese Oberfläche vorangekommen sein.

Stellen wir uns nun eine Materieansammlung vor, deren Durchmesser weniger als 300 000 Lichtjahre beträgt. Ein solcher Klumpen wird dank der eigenen Schwerkraft zu kollabieren begonnen haben. Ein Klumpen mit einem Durchmesser von mehr als 300 000 Lichtjahren dagegen wird nicht einmal anfangen zu kollabieren, weil er noch gar nicht »weiß«, dass er ein Klumpen ist. Die Schwerkraft breitet sich mit Lichtgeschwindigkeit aus und kann deshalb die gesamte Länge des Klumpens noch nicht durchlaufen haben. Wie die Comicfigur Wile E. Coyote aus der Serie »Road Runner«, die über den Rand einer Klippe rennt und in der Luft stehen bleibt, wird dieser Klumpen also einfach da schweben und auf den Kollaps warten, der eintritt, wenn das Universum alt genug sein wird für das, was von ihm erwartet wird!

Dadurch ergibt sich ein spezielles Dreieck. Eine Seite ist 300 000 Lichtjahre lang; ihr Abstand von uns ist bekannt, weil er durch die Entfernung zwischen uns und der letzten streuenden Oberfläche bestimmt wird, wie folgender Abbildung zu entnehmen ist:

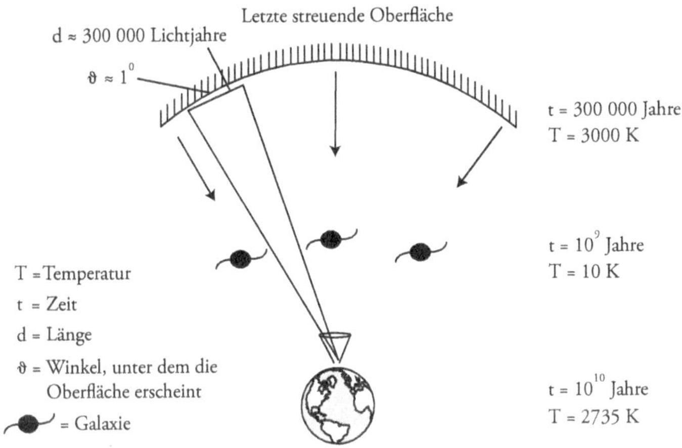

Die größten Materieansammlungen, die schon zu kollabieren begonnen haben und dabei auf dem Oberflächenbild der Mikrowellen-Hintergrundstrahlung Unregelmäßigkeiten hervorrufen, werden sich über dieses Winkelmaß erstrecken. Wenn wir ein Bild der Oberfläche zu diesem Zeitpunkt erstellen können, sollten wir erwarten, dass solche heißen Zonen im Durchschnitt die größten im Bild sichtbaren relevanten Klumpen sind.

Ob der von dieser Entfernung überspannte Winkel aber genau ein Grad beträgt, wird tatsächlich von der Geometrie des Universums festgelegt. In einem flachen Universum reisen Lichtstrahlen auf Geraden. In einem offenen Universum hingegen verlaufen Lichtstrahlen, die man in der Zeit rückwärts verfolgt, nach außen gekrümmt. In einem geschlossenen Universum konvergieren die Lichtstrahlen, wenn man sie rückwärts verfolgt. Unter welchem Winkel eine 300 000 Lichtjahre lange Messskala, die in einer mit der letzten streuenden Oberfläche zusammenhängenden Entfernung liegt, für uns tatsächlich erscheint, hängt demnach von der Geometrie des Universums ab, wie der folgenden Zeichnung zu entnehmen ist:

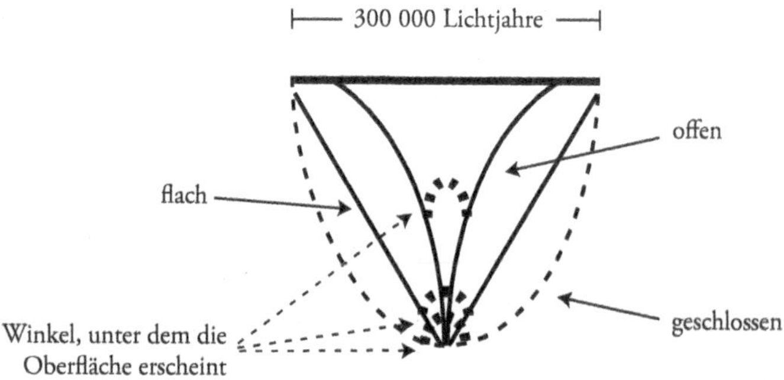

Das liefert einen direkten, eindeutigen Test für die Geometrie des Universums. Der Umfang der größten heißen oder kalten Zonen in der Mikrowellen-Hintergrundstrahlung hängt allein von der Kausalität ab – von der Tatsache, dass die Schwerkraft sich nur mit Lichtgeschwindigkeit ausbreiten kann und der größte Bereich, der zu dieser Zeit kollabiert sein kann, einfach nur von der größten Distanz bestimmt ist, die ein Lichtstrahl zu diesem Zeitpunkt zurückgelegt hat. Außerdem wird der Winkel, unter dem wir eine festgelegte Messskala in einer festgelegten Entfernung sehen, genau von der Krümmung des Universums bestimmt, und deshalb kann ein simples Bild der letzten streuenden Oberfläche die Geometrie der Raumzeit enthüllen.

Das erste Experiment, mit dem man eine entsprechende Beobachtung versucht hat, war ein 1997 von Antarktika aus aufgelassener Versuchsballon namens BOOMERanG. Die

Abkürzung steht zwar eigentlich für **B**alloon **O**bservations **O**f **M**illimetric **E**xtragalactic **R**adiation **an**d **G**eophysics, doch der wahre Grund für diesen Namen ist simpler. An einem Ballon für große Höhen war ein Mikrowellen-Radiometer befestigt, wie in der folgenden Abbildung zu sehen:

Der Ballon umrundete dann die Erde, was in Antarktika kein Problem darstellt. Rund um den Südpol ist das wirklich einfach durchzuführen, da man ihn einfach im Kreis herumtreiben lassen kann. Von der McMurdo-Station aus benötigte das Gerät für seine Rundreise um den Kontinent etwa zwei Wochen, bis es wieder an seinen Ausgangspunkt zurückkehrte – daher der Name Bumerang.

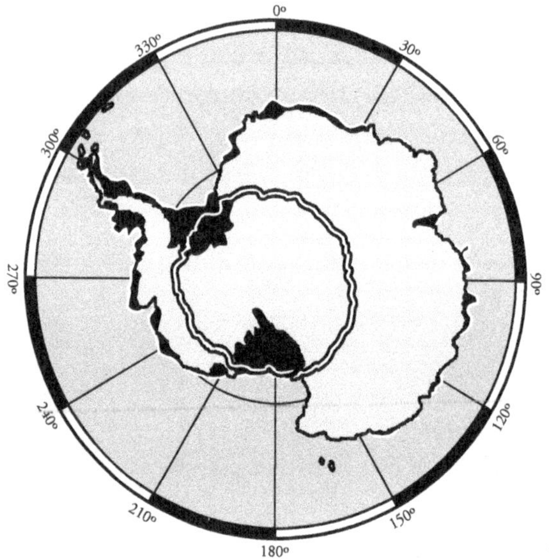

BOOMERanG-Rundfahrt um Antarktika

Die Ballonfahrt diente einem einfachen Zweck. Um einen Blick auf die Mikrowellen-Hintergrundstrahlung mit ihrer Temperatur von drei Kelvin werfen zu können, ohne dass sie durch das weit wärmere Material auf Erden beeinträchtigt wird,* wollen wir so weit wie möglich über dem Boden und sogar oberhalb des größten Teils der Erdatmosphäre messen. Dazu nutzen wir im Idealfall Satelliten, doch Höhenballons können einen erheblichen Anteil der Aufgabe für viel weniger Geld erledigen.

Auf jeden Fall lieferte BOOMERanG nach zwei Wochen das Bild eines kleinen Ausschnitts aus dem Mikrowellen-Him-

* Selbst in der Antarktis liegen die Temperaturen um mehr als 200 Kelvin höher als die der Kosmischen Mikrowellen-Hintergrundstrahlung.

mel. Es zeigte heiße und kalte Zonen im Strahlungsmuster, die von der letzten streuenden Oberfläche stammten. Unten ist ein Bild des Gebiets zu sehen, das im BOOMERanG-Experiment beobachtet wurde (die »heißen« bzw. »kalten« Zonen sind dunkel bzw. hell wiedergegeben). Es wurde überlagert mit dem Originalbild vom Start des Versuchs:

Für mich erfüllt das Bild einen doppelten Zweck. Erstens zeigt es die tatsächliche Größenordnung der heißen und kalten Zonen, wie BOOMERanG sie am Himmel gesehen hat – der Vordergrund dient zum Größenvergleich. Zweitens illustriert es aber auch einen weiteren wichtigen Aspekt dessen, was man nur als unsere kosmische Kurzsichtigkeit bezeichnen kann. Wenn wir an einem sonnigen Tag nach oben schauen, sehen wir einen blauen Himmel wie auf dem Foto des Ballons weiter oben. Das liegt jedoch daran, dass wir durch die Evolution daran angepasst sind, das sichtbare Licht wahrzunehmen. Das ist zweifellos darauf zurückzuführen, dass die Sonne im sichtbaren Bereich Spitzenwerte abstrahlt, sowie auch darauf, dass viele weitere Wellenlängen des Lichts in der Atmosphäre absorbiert werden, weshalb sie uns auf der Erdoberfläche gar nicht erreichen.* Hätte unser Auge sich stattdessen so entwickelt, dass wir Mikrowellenstrahlung »sehen« könnten, würde uns das wahrgenommene Bild des Himmels bei Tag und bei Nacht, solange wir nicht unmittelbar in die Sonne schauen, direkt zu einem Abbild der letzten streuenden Oberfläche führen, die mehr als 13 Milliarden Lichtjahre entfernt ist. Das ist das »Bild«, das der Detektor von BOOMERanG zurückgebracht hat.

Die erste Fahrt von BOOMERanG, der dieses Bild zu verdanken ist, verlief bemerkenswert glücklich. Die Antarktis ist eine feindselige, unberechenbare Umgebung. Bei einer späteren Fahrt im Jahr 2003 ging wegen einer Fehlfunktion des Ballons und eines anschließenden Sturms beinahe das ganze Equipment verloren. Erst in letzter Minute wurde beschlossen, die Instrumente vom Ballon zu trennen, ehe alles an einen unerreichbaren Ort verweht wurde. Damit nahm der Tag noch ein gutes Ende; eine Suchmission ortete die Nutzlast auf der antarktischen Ebene und barg den Druckbehälter mit den wissenschaftlichen Daten.

* Für uns ist das ein Glück, da ein großer Teil dieser Strahlung schädlich sein könnte.

Ehe ich das Bild von BOOMERanG interpretiere, möchte ich noch einmal betonen, dass die tatsächliche Größe der im Bild festgehaltenen heißen und kalten Zonen durch einfache Physik in Verbindung mit der letzten streuenden Oberfläche festgelegt ist, während die *gemessenen* Größen der heißen und kalten Zonen auf dem Bild sich aus der Geometrie des Universums ableiten. Eine einfache zweidimensionale Analogie kann vielleicht dazu beitragen, das Ergebnis genauer zu erklären: In zwei Dimensionen ähnelt eine geschlossene Geometrie der Oberfläche einer Kugel, während eine offene Geometrie der Oberfläche eines Sattels ähnelt. Zeichnen wir ein Dreieck auf diese Oberfläche, beobachten wir den geschilderten Effekt: Auf einer Kugel laufen Gerade zusammen, auf einem Sattel laufen sie auseinander, und auf einer Ebene bleiben sie selbstverständlich gerade.

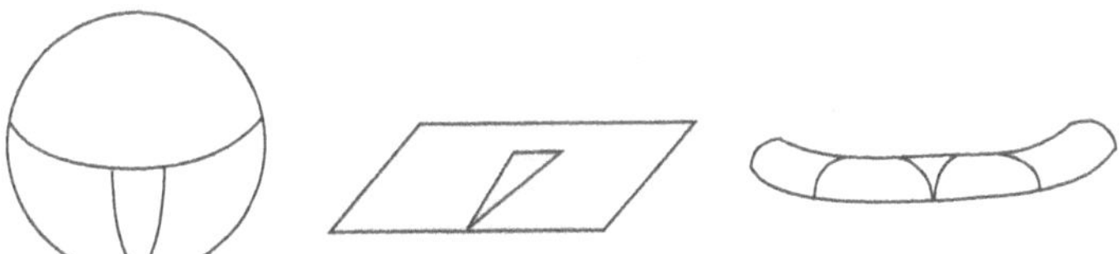

geschlossen flach offen

Die Eine-Million-Dollar-Frage lautet nun also: Wie groß sind die heißen und kalten Zonen auf dem Bild von BOOMERanG tatsächlich? Um diese Frage zu beantworten, hat die Forschungsgruppe BOOMERanG einige Computersimulationen erstellt, die wiedergeben, wie kalte und heiße Zonen in einem offenen, geschlossenen oder flachen Universum aussähen. Diese hat sie mit einem weiteren Bild (ebenfalls in Falschfarben) des tatsächlichen Mikrowellen-Himmels verglichen.

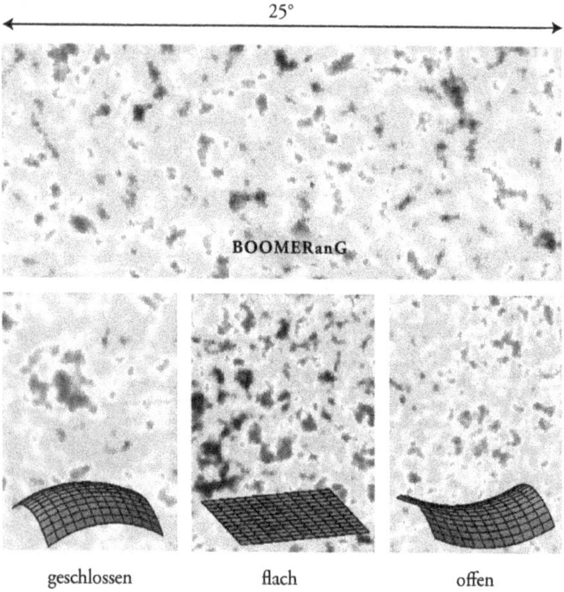

Links unten auf dem Bild des simulierten geschlossenen Universums erkennt man, dass die Zonen im Durchschnitt größer sind als im tatsächlichen Universum. Rechts sind diese Zonen im Schnitt kleiner. Das einem flachen Universum entsprechende mittlere Bild hingegen ist wie im Märchen von Goldlöckchen »gerade richtig«. Das von den Theoretikern erhoffte mathematisch schöne Universum schien durch diese Beobachtung bestätigt, obwohl es scheinbar in starkem Widerspruch zu den Schätzungen steht, die sich beim Wiegen von Galaxienhaufen ergeben haben.

Tatsächlich ist die Übereinstimmung zwischen den Vorhersagen für ein flaches Universum und dem mit BOOMERanG gewonnenen Bild fast schon peinlich. Das Team von BOOMERanG suchte nach den größten Zonen, die Zeit gehabt hatten, zu dem von der letzten streuenden Oberfläche wiedergegebenen Zeitpunkt erkennbar in sich zusammenzufallen. Daraus leitete das Team folgenden Graphen ab:

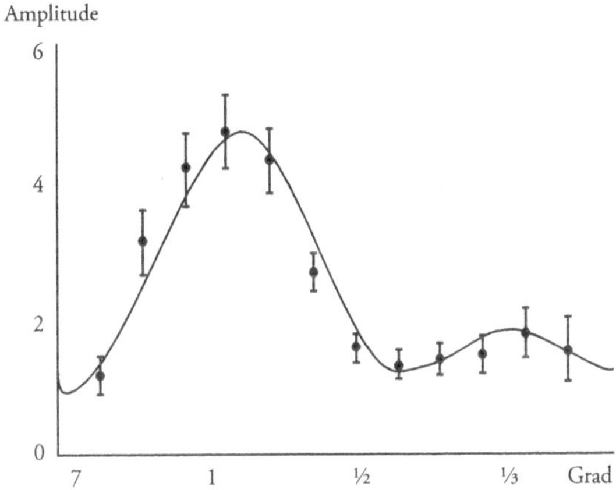

Die Punkte geben die Daten wieder. Die durchgezogene Kurve entspricht der Vorhersage für ein flaches Universum, wobei die höchste Erhebung ungefähr bei einem Grad liegt!

Nachdem die Ergebnisse des BOOMERanG-Experiments veröffentlicht waren, startete die NASA im Juni 2001 eine weit empfindlichere Raumsonde zur Messung der Mikrowellen-Hintergrundstrahlung – die Wilkinson Microwave Anisotropy Probe (WMAP). Benannt ist sie nach dem verstorbenen David Wilkinson, einem der beiden Physiker in Princeton, welche die CMBR hätten entdecken sollen, wenn ihnen nicht Wissenschaftler der Bell Labs per Zufall zuvorgekommen wären. Die Sonde wurde in eine 1,5 Millionen Meilen von der Erde entfernte Position gelenkt, wo sie den Mikrowellen-Himmel auf der von der Sonne abgewandten Seite der Erde beobachten konnte, ohne von Sonnenlicht beeinträchtigt zu werden. Über sieben Jahre hinweg erstellte sie ein beispiellos genaues Abbild des gesamten Mikrowellen-Himmels.*

Hier ist der gesamte Himmel auf eine Ebene projiziert – genau so, wie die Oberfläche des Globus auf eine flache Karte projiziert werden kann. Die Ebene unserer Milchstraße würde entlang des Äquators liegen; 90 Grad über der Ebene der Milchstraße befindet sich auf dieser Karte der Nordpol, 90 Grad unterhalb der Südpol. Das Bild der Milchstraße ist jedoch aus der Karte entfernt worden, weil hier nur die Strahlung wiedergegeben werden soll, die von der letzten streuenden Oberfläche stammt.

Mit derart exquisiten Daten lässt sich eine sehr viel präzisere Schätzung zur Geometrie des Universums durchführen. Eine dem Bild von BOOMERanG analoge Darstellung des

* Im Unterschied zu BOOMERanG – bei dem Experiment konnte wegen der Erde unter der Messeinrichtung nur ein Ausschnitt aufgenommen werden.

WMAP bestätigt mit einer Genauigkeit von 1 Prozent, dass wir in einem flachen Universum leben. Die Erwartungen der Theoretiker waren korrekt. Aber um es noch einmal zu sagen: Die augenscheinliche Inkonsistenz dieses Resultats mit dem Ergebnis des letzten Kapitels können wir nicht ignorieren. Wenn wir die Masse der Galaxien und Cluster messen und so das Universum wiegen, erhalten wir einen Wert, der um den Faktor drei kleiner ist als der Betrag, der erforderlich ist, damit ein flaches Universum herauskommt. Eines von beiden muss weichen.

Die Theoretiker mögen sich vielleicht selbst beglückwünscht haben, weil sie vermutet hatten, dass das Universum flach ist, doch fast niemand war auf die Überraschung vorbereitet, die die Natur auf Lager hatte, um die widersprüchlichen Schätzungen zur Geometrie des Universums aufzulösen, die sich aus der Messung seiner Masse bzw. der direkten Messung seiner Krümmung ergeben hatten. Die fehlende Energie, die nötig war, damit sich ein flaches Universum ergab, verbarg sich buchstäblich direkt vor unseren Augen.

4. Kapitel

Viel Lärm um nichts

Weniger ist mehr.
Ludwig Mies van der Rohe
(nach Robert Browning)

Ein Schritt vorwärts, zwei Schritte zurück – so ähnlich schien unser Bemühen abzulaufen, das Universum zu verstehen und ihm auf präzise Weise ein Gesicht zu geben. Die Krümmung unseres Universums war durch Beobachtungen schließlich definitiv bestimmt worden, wobei lange bestehende theoretische Vermutungen bekräftigt wurden. Zudem war bekannt, dass im Universum zehnmal mehr Materie existiert, als durch Protonen und Neutronen erklärt werden kann. Trotzdem reichte diese gewaltige Menge Dunkler Materie – 30 Prozent dessen, was erforderlich wäre, damit ein flaches Universum herauskäme – bei Weitem nicht aus, die gesamte Energie im Universum zu erklären. Die direkte Messung der Geometrie des Universums und die daraus folgende Entdeckung, dass das Universum tatsächlich flach ist – all das lief darauf hinaus, dass von der Energie des Universums immer noch 70 Prozent fehlten und weder in Galaxien noch in deren Umgebung und auch nicht in Galaxienhaufen zu finden waren!

Die ganze Angelegenheit war dann doch nicht so schockierend, wie ich sie geschildert habe. Schon vor diesen Messungen der Krümmung des Universums und der Bestimmung der gesamten darin zu Clustern geballten Masse (siehe Kapitel 2) gab es Hinweise, dass das damals gültige theoretische Bild des Universums – mit hinreichend Dunkler Materie* für ein flaches Universum – einfach nicht mit den Beobachtungen übereinstimmte. Denn schon 1995 verfasste ich zusammen mit meinem Kollegen Michael Turner von der University of Chicago einen ketzerischen Aufsatz, in dem wir vortrugen, dass dieses überkommene Bild nicht korrekt sein konnte. Zu unserem damals bevorzugten theoretischen Modell eines flachen Universums und Beobachtungen der Zusammenballung von Galaxien und deren innerer Dynamik schien vielmehr allein ein Universum zu passen, das bei Weitem bizarrer war und auf eine verrückte theoretische Vorstellung zurückging. Albert Einstein hatte diesen Einfall 1917 dazu benutzt, um den scheinbaren Widerspruch aufzulösen, der zwischen den Vorhersagen seiner Theorie und dem statischen Universum bestand, in dem wir seiner Ansicht nach lebten – später sollte er die Vorstellung wieder aufgeben.

Meiner Erinnerung nach wollten wir damals keine definitive Lösung des Problems vorschlagen, sondern eher zeigen, dass mit dem herrschenden Wissen etwas nicht stimmte. Der Vorschlag erschien zu verrückt und deshalb nicht wirklich glaubhaft, und ich vermute, niemand war überraschter als wir selbst, als unser ketzerischer Vorschlag sich drei Jahre später als Volltreffer erwies!

Gehen wir noch einmal ins Jahr 1917 zurück. Wie wir uns erinnern, hatte Einstein die Theorie der Allgemeinen Relati-

* Tatsächlich die dreifache Menge dessen, was nach unserem jetzigen Wissen vorhanden ist.

vität entwickelt. Er freute sich von Herzen über die Entdeckung, dass er die Präzession des Merkur-Perihels erklären konnte, selbst als er sich mit der Tatsache konfrontiert sah, dass seine Theorie nicht imstande war, das statische Universum zu erklären, in dem er seiner Ansicht nach lebte.

Hätte er seinen Überzeugungen mehr Vertrauen geschenkt, hätte er möglicherweise *vorhergesagt*, dass das Universum nicht statisch sein konnte. Doch das unterließ er. Stattdessen konnte er, wie er erkannte, an seiner Theorie eine kleine Änderung vornehmen – eine, die vollkommen mit den mathematischen Argumenten übereinstimmte, die ihn anfangs dazu gebracht hatten, die Allgemeine Relativität auszuarbeiten, und die aussah, als könne sie ein statisches Universum erlauben.

Auch wenn die Details in Einsteins Gleichungen der Allgemeinen Relativität komplex sind, ist ihre allgemeine Struktur relativ unkompliziert. Die linke Seite der Gleichungen beschreibt die Krümmung des Universums und damit die Gravitationskräfte, die auf Materie und Strahlung wirken. Diese werden bestimmt durch die Größe auf der rechten Seite der Gleichung, die die Gesamtdichte aller Arten von Energie und Materie innerhalb des Universums wiedergibt.

Durch Addition einer kleinen zusätzlichen Konstante auf der linken Seite der Gleichung wurde, wie Einstein erkannte, eine kleine zusätzliche, konstant *abstoßende* Kraft eingeführt, die den gesamten Raum durchdringt und der normalen, mit dem Quadrat der Entfernung abnehmenden Anziehung zwischen fernen Objekten entgegenwirkt. Wenn diese zusätzliche Kraft hinreichend klein war, würde sie in menschlichen Maßstäben oder sogar in der Größenordnung unseres Sonnensystems, in dem die Gültigkeit von Newtons Gravitationsgesetz so wunderbar zu beobachten war, möglicherweise nicht nachzuweisen sein. Weil sie aber durch den gesamten Raum als Konstante wirkt, so Einsteins Überlegung, konnte sie sich im Maßstab unserer Milchstraße immer weiter aufbauen und so groß werden, dass sie die Anziehungskräfte zwischen sehr weit voneinander entfernten Objekten aufhob. Daraus schloss er, dass dadurch im größten Maßstab ein statisches Universum herauskommen konnte.

Einstein bezeichnete diesen zusätzlichen Ausdruck in seiner Gleichung als *kosmologischen Term*. Weil es sich dabei einfach um die Addition einer Konstanten zu den Gleichungen handelt, ist es inzwischen üblich, diesen Term als *kosmologische Konstante* zu bezeichnen.

Als Einstein erkannte, dass das Universum sich ausdehnt, verwarf er diesen Term. Es heißt, er habe die Entscheidung, ihn in seine Gleichungen einzufügen, als seine größte Eselei bezeichnet.

Die Konstante loszuwerden ist jedoch nicht gerade einfach. Es ähnelt dem Versuch, Zahnpasta in die Tube zurückzubekommen, nachdem man sie herausgedrückt hat. Denn mittlerweile verfügen wir über ein vollkommen anderes Bild der kosmologischen Konstante – hätte Einstein den Term nicht eingeführt, wäre er in den folgenden Jahren von jemand anderem eingebracht worden.

Einsteins Term von der linken auf die rechte Seite seiner Gleichungen zu bringen ist für einen Mathematiker ein kleiner Schritt, für einen Physiker jedoch ein gewaltiger Sprung. Aber auch wenn es mathematisch alltäglich sein mag – sobald der Term auf der rechten Seite ist, wo sich alle Terme befinden, die zur Energie des Universums beitragen, steht er physikalisch gesehen für etwas völlig anderes, nämlich für einen weiteren Beitrag zur Gesamtenergie. Aber welche Art von Substanz könnte einen solchen Term einführen?

Die Antwort: *Nichts*.

Mit *Nichts* meine ich nicht nichts, sondern vielmehr die Abwesenheit von Materie, jenes Nichts, das wir normalerweise leeren Raum nennen. Das heißt, wenn ich einen Bereich des Weltalls nehme und alles entferne, was darin ist, Staub, Gas, Menschen und sogar die dort durchgehende Strahlung, also *alles*, was dieser Bereich enthalten mag: Wenn dieser verbleibende leere Raum *etwas wiegt*, dann würde das der Existenz eines kosmologischen Terms von der Art entsprechen, wie Einstein ihn erfunden hat.

Das lässt Einsteins kosmologische Konstante nur noch verrückter erscheinen! Denn jeder Viertklässler wird einem sagen, wie viel Energie in nichts enthalten ist, selbst wenn er keine Ahnung hat, was Energie überhaupt ist. Die Antwort muss »nichts« lauten.

Doch leider haben die meisten Viertklässler keine Quantenmechanik belegt oder Relativität studiert. Denn wenn wir die Ergebnisse von Einsteins Spezieller Relativitätstheorie ins Quantenuniversum einführen, wird der leere Raum noch seltsamer als zuvor. Tatsächlich wird er so merkwürdig, dass sogar die Physiker, die dieses neue Verhalten als Erste entdeckten und analysierten, nur mit Mühe glauben konnten, dass in der realen Welt so etwas existieren kann.

Es war der brillante und wortkarge theoretische Physiker Paul Dirac, der die Relativität erfolgreich in die Quantenmechanik einbrachte. Schon bei der Entwicklung der Quantenmechanik als Theorie hatte der Brite eine führende Rolle gespielt.

Die Quantenmechanik wurde zwischen 1912 und 1927

ausgearbeitet, vor allem durch die Arbeiten des großartigen, legendären dänischen Physikers Niels Bohr und zweier brillanter Überflieger, des österreichischen Physikers Erwin Schrödinger und des deutschen Physikers Werner Heisenberg. Die zunächst von Bohr vorgeschlagene und von Schrödinger und Heisenberg mathematisch verfeinerte Quantenwelt ist eine Herausforderung für alle Vorstellungen des gesunden Menschenverstands, die auf unseren Erfahrungen mit Gegenständen im menschlichen Maß beruhen. Bohr formulierte als Erster die Vorstellung, dass Elektronen in Atomen um den Kern im Zentrum kreisen wie Planeten um die Sonne. Er zeigte aber, dass die beobachteten Regelmäßigkeiten atomarer Spektren* so verstanden werden konnten, als wären die Elektronen irgendwie auf stabile Umlaufbahnen in einem festgelegten Satz von »Quantenniveaus« beschränkt, weshalb sie sich nicht auf freien Spiralbahnen zum Kern hinbewegen konnten. Zwischen den Niveaus konnten sie nur dann wechseln, wenn sie diskrete Frequenzen oder Quanten des Lichts absorbierten oder emittierten – genau jene Quanten, die Max Planck 1905 als Erster vorgeschlagen hatte, um so die von heißen Objekten abgegebenen Arten der Strahlung zu verstehen.

Bohrs »Quantisierungsregeln« bezogen sich jedoch eher auf den Spezialfall. Wie Schrödinger und Heisenberg in den 1920ern unabhängig voneinander zeigten, war es möglich, diese Regeln aus grundlegenden Prinzipien abzuleiten, wenn die Elektronen dynamischen Vorschriften gehorchten, die sich von denen makroskopischer Objekte wie etwa Tennisbällen unterschieden. Elektronen konnten sich sowohl wie

* Die von unterschiedlichen Elementen emittierten Lichtfrequenzen.

Teilchen als auch wie Wellen verhalten, die sich im Raum auszubreiten schienen (daher Schrödingers »Wellenfunktion« für Elektronen). Zudem konnte gezeigt werden, dass die Resultate von Messungen der Elektroneneigenschaften nur probabilistische Bestimmungen lieferten – verschiedene Kombinationen unterschiedlicher Eigenschaften waren nicht gleichzeitig exakt messbar (daher Heisenbergs »Unbestimmtheitsprinzip«).

Wie Dirac gezeigt hatte, konnte die von Heisenberg zur Beschreibung von Quantensystemen vorgeschlagene Mathematik, wofür dieser 1932 den Nobelpreis für Physik erhielt, aus einer wohlüberlegten Analogie zu den bekannten Gesetzen abgeleitet werden, von denen die Dynamik klassischer makroskopischer Objekte beherrscht wird. Darüber hinaus konnte er später auch zeigen, dass die mathematische »Wellenmechanik« Schrödingers ebenfalls so abzuleiten und der Heisenberg'schen Formulierung formal gleichwertig war. Dirac wusste aber auch, dass die Quantenmechanik Bohrs, Heisenbergs und Schrödingers, so bemerkenswert sie war, nur für Bereiche galt, in denen nicht Einsteins Relativität, sondern Newtons Gesetze die klassischen Systeme regierten, als deren Analogie die Quantensysteme aufgebaut waren.

Dirac dachte lieber in mathematischen Begriffen als in Bildern, und als er sich aufmerksam daranmachte, die Quantenmechanik mit Einsteins Gesetzen der Relativität in Einklang zu bringen, begann er mit vielen verschiedenen Arten von Gleichungen zu spielen. Darunter waren komplizierte mathematische Systeme aus vielen Komponenten, die erforderlich waren, um die Tatsache einzubeziehen, dass Elektronen »Spin« besitzen – das heißt, sie rotieren wie kleine Kreisel und verfügen über einen Drehimpuls, und sie können sowohl im als auch gegen den Uhrzeigersinn um jede Achse rotieren.

1929 wurde er fündig. Die Gleichung Schrödingers hatte elegant und präzise beschrieben, wie Elektronen sich bei Geschwindigkeiten weit unterhalb der Lichtgeschwindigkeit verhalten. Wie Dirac herausfand, konnte er die Schrödinger-Gleichung mithilfe von Matrizen* in eine kompliziertere Gleichung umformen. Damit war es möglich, die Quantenmechanik konsistent mit der Relativität zu vereinen und damit grundsätzlich das Verhalten von Systemen zu beschreiben, deren Elektronen weit schneller unterwegs waren.

Doch da gab es ein Problem. Dirac hatte eine Gleichung notiert, die das Verhalten von Elektronen beschreiben sollte, wenn sie mit elektrischen und magnetischen Feldern interagierten. Diese Gleichung schien jedoch auch die Existenz neuer Teilchen zu erfordern, die Elektronen glichen, aber entgegengesetzt elektrisch geladen waren.

Damals kannte man in der Natur nur ein einziges Elementarteilchen mit einer Ladung, die der des Elektrons entgegengesetzt war: das Proton. Protonen gleichen Elektronen jedoch ganz und gar nicht. Vor allem sind sie 2000-mal schwerer!

Dirac war verwirrt. In einem Akt der Verzweiflung stellte er die Vermutung auf, die neuen Teilchen seien tatsächlich Protonen, die während ihrer Bewegung im Raum durch Protonen-Interaktionen irgendwie dazu gebracht würden, sich zu verhalten, als wären sie leichter. Es dauerte nicht lange, bis andere, einschließlich Heisenberg, zeigten, dass dieser Vorschlag keinen Sinn ergab.

* Was auf einen Satz vier verschiedener, gekoppelter Gleichungen hinausläuft.

Die Natur kam rasch zu Hilfe. Nachdem Dirac seine Gleichung vorgelegt hatte, dauerte es ein Jahr, bis er kapitulierte und akzeptierte, dass es ein neues Teilchen geben musste, wenn seine Gleichung korrekt war. Ein weiteres Jahr später entdeckten Experimentalphysiker bei der Beobachtung der die Erde bombardierenden kosmischen Strahlung Belege für neue Teilchen, die mit Elektronen übereinstimmten, aber entgegengesetzt geladen waren. Sie tauften sie Positronen.

Dirac war rehabilitiert, gestand aber auch seinen früheren Mangel an Vertrauen in die eigene Theorie ein, als er später erklärte, seine Gleichung sei klüger gewesen als er selbst!

Heute bezeichnen wir das Positron als »Antiteilchen« des Elektrons, weil sich zeigt, dass Diracs Entdeckung allgemein gültig ist. Die physikalischen Prinzipien, die die Existenz eines Antiteilchens zum Elektron notwendig machen, erfordern auch, dass es zu fast jedem Elementarteilchen in der Natur solch ein Teilchen gibt. Protonen beispielsweise haben Antiprotonen. Sogar manche neutralen Teilchen wie die Neutronen haben Antiteilchen. Treffen Teilchen und Antiteilchen aufeinander, so vernichten sie einander zu purer Strahlung.

Obwohl sich all das wie Science-Fiction anhört (und in »Star Trek« spielt Antimaterie tatsächlich eine bedeutende Rolle), erzeugen wir in unseren großen Teilchenbeschleunigern überall auf der Welt ständig Antiteilchen. Weil diese Teilchen ansonsten die gleichen Eigenschaften besitzen wie normale Teilchen, würde sich eine aus Antimaterie bestehende Welt ebenso verhalten wie eine aus Materie aufgebaute Welt – mit Anti-Liebenden, die in Anti-Autos unter einem Anti-Mond Zärtlichkeiten austauschen. Dass wir in einem aus Materie statt aus Antimaterie oder aus gleichen Anteilen von beidem aufgebauten Universum leben, liegt nur an einem Zufall der Ausgangsbedingungen, der unserer Ansicht nach tiefer liegenden Faktoren zu verdanken ist. Doch dazu kommen wir später. Ich drücke es gern so aus: Antimaterie mag seltsam erscheinen, aber sie ist seltsam in dem Sinn, wie Belgier seltsam sind. In Wirklichkeit sind sie nicht merkwürdig – unsereiner trifft sie nur recht selten!

Die Existenz von Antiteilchen macht aus der beobachtbaren Welt einen sehr viel interessanteren Ort, aber es zeigt sich auch, dass der leere Raum durch sie erheblich komplizierter wird.

Der legendäre Physiker Richard Feynman war der Erste, der ein intuitives Verständnis ermöglichte, warum die Relativität die Existenz von Antiteilchen erfordert. Daraus ergab sich auch eine grafische Demonstration, dass der leere Raum gar nicht so leer ist.

Wie Feynman erkannte, ergibt sich aus der Relativität, dass Beobachter, die sich unterschiedlich schnell bewegen, auch unterschiedliche Messungen von Größen wie Entfernung und Zeit vornehmen werden. So scheint beispielsweise die Zeit für Objekte, die sehr schnell unterwegs sind, langsamer abzulaufen. Könnten Objekte irgendwie schneller reisen als das Licht, würden sie sich anscheinend in der Zeit rückwärts bewegen – das ist einer der Gründe, weshalb die Lichtgeschwindigkeit üblicherweise als kosmische Geschwindigkeitsbeschränkung angesehen wird.

Ein entscheidender Grundsatz der Quantenmechanik ist aber das Heisenberg'sche Unbestimmtheitsprinzip. Es besagt, wie schon erwähnt, dass es für bestimmte Paare von Größen wie etwa Position und Geschwindigkeit nicht möglich ist, in einem gegebenen System gleichzeitig exakte Werte zu bestimmen. Umgekehrt gilt: Misst man ein gegebenes System nur für ein festgelegtes finites Zeitintervall, kann man seine Gesamtenergie nicht exakt bestimmen.

All das impliziert, dass die Quantenmechanik für sehr kurze Zeitabschnitte – so kurz, dass man die Geschwindigkeit nicht mit hoher Genauigkeit messen kann – die Möglichkeit zulässt, dass diese Teilchen sich so verhalten, als würden sie sich mit mehr als Lichtgeschwindigkeit bewegen! Wenn sie aber schneller sind als das Licht, so müssen sie sich laut Einstein so verhalten, als würden sie sich in der Zeit rückwärts bewegen!

Feynman war so kühn, diese offensichtlich verrückte Möglichkeit ernst zu nehmen und ihre Implikationen zu erkunden. Für ein umherfliegendes Elektron, das mitten in seiner Reise periodisch schneller als das Licht wird, zeichnete er folgendes Diagramm:

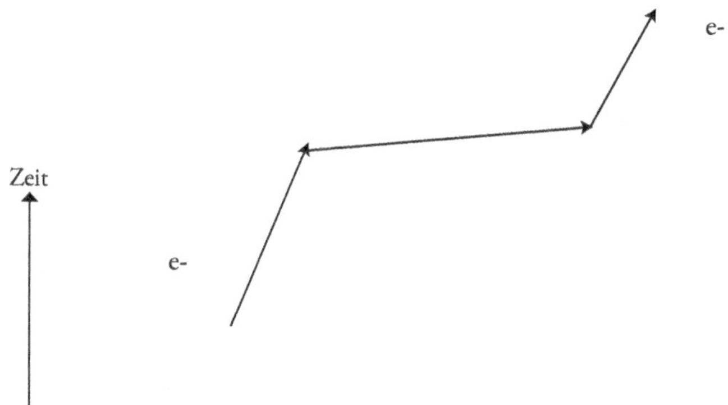

Wie er erkannte, sagt uns die Relativität, dass ein anderer Beobachter alternativ dazu etwas messen könnte, was aussieht wie die Zeichnung unten. Hier bewegt sich das Elektron in der Zeit vorwärts, dann rückwärts und anschließend wieder vorwärts.

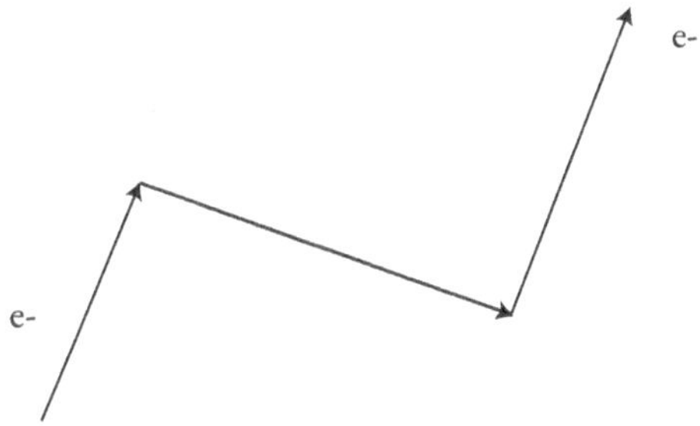

Eine negative Ladung, sie sich in der Zeit rückwärts bewegt, ist jedoch mathematisch gleichwertig zu einer positiven Ladung, die sich in der Zeit vorwärts bewegt! Die Relativität würde demnach die Existenz positiv geladener Teilchen erfordern, deren Masse und andere Eigenschaften denen der Elektronen entsprechen.

In diesem Fall kann man Feynmans zweite Zeichnung wie folgt interpretieren: Ein einzelnes Elektron fliegt dahin, und an einer anderen Position im Raum entsteht aus nichts ein Paar aus Elektron und Positron, worauf das Positron mit dem ersten Elektron zusammentrifft und sie sich gegenseitig auslöschen. Danach bleibt ein einzelnes, sich weiterbewegendes Elektron.

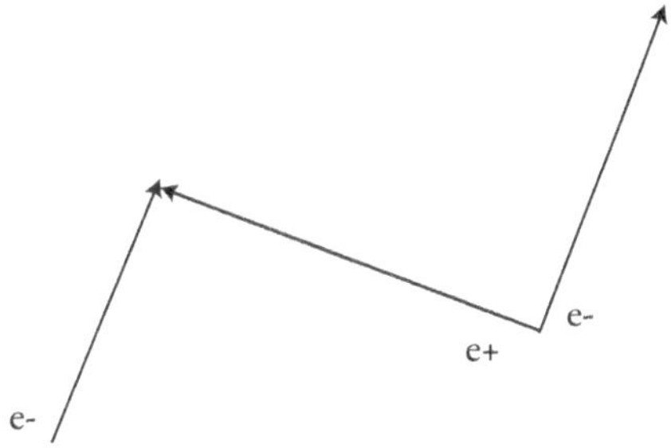

Wenn einen das nicht stört, kann man Folgendes in Betracht ziehen: Für einen kurzen Augenblick sind, selbst wenn man mit einem einzigen Teilchen beginnt und mit einem einzigen Teilchen aufhört, drei Teilchen unterwegs:

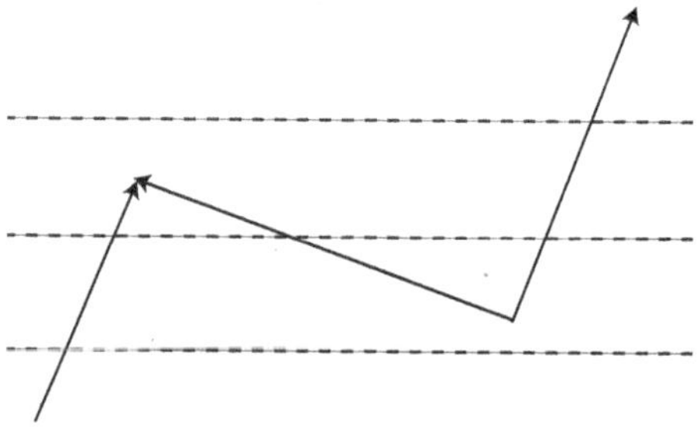

In der kurzen Zwischenzeit ist zumindest für einen sehr kurzen Augenblick etwas aus dem Nichts aufgetaucht! In seinem Aufsatz »A Theory of Positrons« beschreibt Feynman 1949 dieses scheinbare Paradoxon mit einer Analogie:

> Es ist, als würde ein Bombenschütze durch die Beobachtungsöffnung eines tief fliegenden Flugzeugs plötzlich drei Straßen sehen und erst beim Zusammentreffen und anschließenden erneuten Verschwinden von zwei dieser Straßen bemerken, dass er einfach eine einzige lange Straße mit Haarnadelkurven überflogen hat.

Solange dieser Zeitabschnitt im Verlauf der »Kurve« so kurz ist, dass wir nicht alle Teilchen direkt messen können, implizieren Quantenmechanik und Relativität nicht nur, dass diese verrückte Situation erlaubt ist – sie ist sogar erforderlich. Teilchen, die in unmessbar kurzen Zeitskalen auftauchen und verschwinden, heißen *virtuelle* Teilchen.

Die Erfindung einer ganzen Sammlung nicht zu messender neuer Teilchen im leeren Raum hört sich an, als würde man vortragen, auf einer Nadelspitze sitze eine große Zahl von Engeln. Und die Vorstellung wäre auch ähnlich schwach, wenn diese Teilchen zu keinen anderen messbaren Effekten führen würden. Doch obwohl sie nicht direkt messbar sind, erzeugen ihre *indirekten* Wirkungen den größten Teil der Eigenschaften des Universums, die wir heute erfahren. Und das ist nicht alles – wie diese Teilchen wirken, kann präziser berechnet werden als alles, was in der Wissenschaft sonst noch zu berechnen ist.

Nehmen wir beispielsweise ein Wasserstoffatom – jenes System, für dessen Untersuchung und Erklärung Bohr seine Quantentheorie zunächst entwickelt hatte und zu dessen Beschreibung Schrödinger später seine berühmte Formel entwickelte. Die Schönheit der Quantenmechanik lag darin, dass sie die spezifischen Farben des Lichts erklären konnte, das der Wasserstoff emittiert, wenn er erhitzt wird. Das Argument lautete, dass die um das Proton kreisenden Elektronen nur auf diskreten Energieniveaus existieren können – wenn sie von einem Niveau zum nächsten springen, dann absorbieren oder emittieren sie nur einen bestimmten Satz von Lichtfrequenzen. Die Schrödinger-Gleichung erlaubt es, die vorhergesagten Frequenzen zu berechnen, und sie liefert eine fast genau richtige Antwort.

Aber sie ist nicht vollkommen exakt.

Als man das Spektrum des Wasserstoffs sorgfältiger untersuchte, war zu erkennen, dass es komplizierter war, als zunächst vermutet. Man beobachtete einige zusätzliche kleine Unterteilungen zwischen den Ebenen, die als »Feinstruktur« des Spektrums bezeichnet wurden. Diese Unterteilungen waren zwar schon seit Bohrs Zeit bekannt gewesen. Man vermutete, dass es möglicherweise mit relativistischen Effekten zu tun hatte, aber solange keine vollständig relativistische Theorie verfügbar war, war diese Vermutung nicht zu erhärten. Zum Glück konnte Diracs Gleichung die Vorhersagen im Vergleich zu Schrödingers Gleichung verbessern, und sie bildete die allgemeine Struktur der Beobachtungen einschließlich der Feinstruktur ab.

So weit, so gut. Im April 1947 führten der amerikanische Experimentalphysiker Willis Lamb und sein Student Richard Retherford jedoch einen Versuch durch, der unter anderen Umständen vielleicht den Anschein erweckt hätte, unglaublich schlecht begründet zu sein. Sie erkannten, dass sie technisch imstande waren, die Struktur der Energieebenen von Wasserstoffatomen mit einer Genauigkeit von eins zu 100 Millionen zu messen.

Warum nahmen sie die Mühe auf sich? Nun, wann immer Experimentatoren eine neue Methode finden, mit der sie etwas erheblich genauer messen können als zuvor, ist das häufig ein hinreichender Grund, das eingehender zu untersuchen. Dabei werden oft ganz neue Welten aufgedeckt – wie zum Beispiel, als der holländische Wissenschaftler Antoni van Leeuwenhoek 1676 als Erster mit einem Mikroskop auf einen Wassertropfen schaute und entdeckte, dass es darin von Leben wimmelte. In unserem Fall hatten die Forscher jedoch ein Motiv, das viel näher lag. Bis zu Lambs Experiment war es mit der experimentell verfügbaren Präzision nicht möglich gewesen, Diracs Vorhersage detailliert zu überprüfen.

Die Gleichung Diracs konnte die allgemeine Struktur der neuen Beobachtungen zwar wiedergeben, doch Lamb war an der entscheidenden Frage interessiert, ob sie das in allen Einzelheiten konnte. Allein damit war die Theorie wirklich zu überprüfen. Und als Lamb die Theorie prüfte, schien sich die falsche Antwort zu ergeben – sie lag auf einer Ebene von ungefähr 100 zu einer Milliarde, was die Empfindlichkeit seiner Geräte weit überstieg.

Eine derart geringfügige Abweichung mag einem als Kleinigkeit vorkommen, doch die Vorhersagen der einfachsten Interpretationen von Diracs Theorie waren ebenso eindeutig wie die Ergebnisse des Experiments, und sie wichen voneinander ab.

In den folgenden Jahren stürzten sich die besten theoretischen Köpfe in die Schlacht und versuchten, diese Diskrepanz aufzulösen. Die Antwort stellte sich nach erheblichem Arbeitsaufwand ein, und als der Staub sich gelegt hatte, erkannte man, dass die Gleichung Diracs eigentlich genau das richtige Ergebnis liefert, allerdings nur, wenn man die Effekte virtueller Teilchen einbezieht. Bildlich lässt sich das folgendermaßen verdeutlichen: In Chemielehrbüchern werden Wasserstoffatome in dieser Art wiedergegeben, mit einem Proton im Zentrum und einem Elektron, das um den Kern kreist und zwischen verschiedenen Niveaus hin und her springen kann.

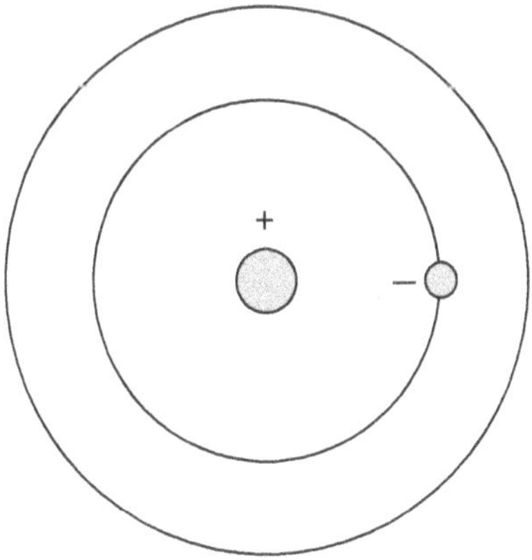

Lassen wir hingegen die Möglichkeit zu, dass Paare aus Elektron und Positron für einen Augenblick spontan aus nichts hervorgehen können, ehe sie einander wieder vernichten, sieht das Wasserstoffatom in Wahrheit so aus:

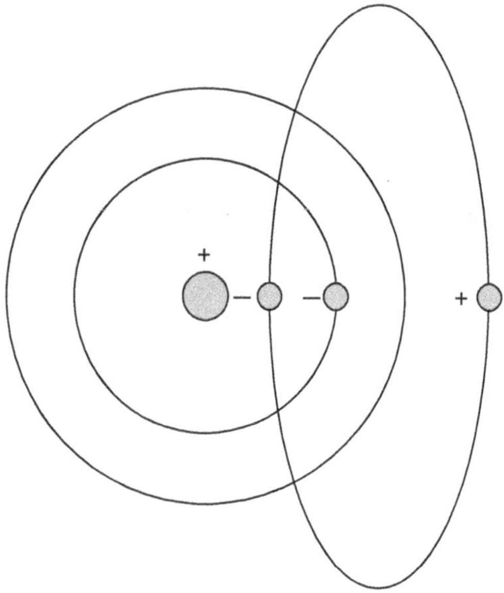

In diese Abbildung habe ich ein solches Paar eingezeichnet, das sich oben vernichtet. Das negativ geladene virtuelle Elektron zieht es vor, sich näher am Proton aufzuhalten, während das Positron lieber größeren Abstand hält. Jedenfalls wird aus diesem Bild deutlich, dass die tatsächliche Ladungsverteilung in einem Wasserstoffatom in keinem Augenblick einfach durch ein einzelnes Elektron und ein einzelnes Proton darzustellen ist.

Bemerkenswerterweise haben wir Physiker nach all der harten Arbeit Feynmans und anderer gelernt, dass wir mithilfe von Diracs Gleichung mit beliebiger Genauigkeit berechnen können, wie all die virtuellen Teilchen, die zeitweilig in der Nachbarschaft des Wasserstoffs vorhanden sein mögen, sich auf dessen Spektrum auswirken. Und wenn wir es berechnen, erhalten wir die *beste und präziseste Vorhersage der gesamten Naturwissenschaft.* Dagegen verblassen alle anderen wissenschaftlichen Vorhersagen. In der Astronomie ist es bei den jüngsten Beobachtungen der Kosmischen Mikrowellen-Hintergrundstrahlung möglich, sie mit theoretischen Vorhersagen auf dem Niveau von vielleicht eins zu 100 000 zu vergleichen, was schon bemerkenswert ist. Verwenden wir hingegen Diracs Gleichung und die vorhergesagte Existenz virtueller Teilchen, so können wir den Wert atomarer Parameter berechnen und erhalten eine bemerkenswerte Übereinstimmung in der Größenordnung von etwa eins zu einer Milliarde oder besser!

Virtuelle Teilchen gibt es also.

Auch wenn es schwer ist, der in der Atomphysik verfügbaren spektakulären Präzision etwas entgegenzusetzen – es gibt dennoch einen weiteren Ort, an dem die virtuellen Teilchen eine entscheidende Rolle spielen, die für das zentrale Thema dieses Buches bedeutsamer sein dürfte. Es zeigt sich nämlich, dass sie verantwortlich sind für den größten Teil unserer Masse und alles dessen, was im Universum sichtbar ist.

Einer der größten Erfolge für unser grundlegendes Verständnis der Materie ergab sich in den 1970ern. Damals fand man eine Theorie, mit der die Wechselwirkungen von Quarks präzise wiedergegeben werden konnten. Diese Teilchen bilden die Protonen und Neutronen, die den Löwenanteil des Materials aufbauen, aus dem wir und alles, was wir sehen können, bestehen. Die mit der Theorie verbundene

Mathematik ist komplex, und es vergingen mehrere Jahrzehnte, bis man Verfahren entwickelt hatte, damit umzugehen – speziell in dem System, in dem die starke Wechselwirkung zwischen den Quarks abschätzbar wurde. Es bedurfte einer gewaltigen Anstrengung – was einschloss, dass man einige der kompliziertesten Parallelrechner entwickelte. Sie nutzen gleichzeitig Zehntausende einzelner Prozessoren bei dem Versuch, die fundamentalen Eigenschaften von Protonen und Neutronen zu berechnen – jener Teilchen, die wir eigentlich messen.

Nach all diesen Arbeiten verfügen wir inzwischen über eine gute Vorstellung davon, wie das Innere eines Protons tatsächlich aussieht. Darin dürften drei Quarks enthalten sein, aber es ist noch eine Menge anderes Zeug vorhanden. Insbesondere spiegeln sich die Teilchen und Felder, von denen die starke Kraft zwischen Quarks vermittelt wird, in virtuellen Teilchen, die ständig ins Dasein springen und wieder verschwinden. Rechts eine Momentaufnahme dessen, wie das letztlich aussieht. Natürlich handelt es sich nicht um eine richtige Fotografie, sondern eher um eine künstlerische Wiedergabe der Mathematik, welche die Dynamik der Quarks und der sie bindenden Kräfte steuert. Die verrückten Formen und verschiedenen Schattierungen stellen dar, wie stark die miteinander und mit den Quarks im Proton wechselwirkenden Felder sind; außerdem ist zu erkennen, wie virtuelle Teilchen spontan entstehen und wieder verschwinden.

Das Proton ist zeitweilig voll von diesen virtuellen Teilchen, und wenn wir abzuschätzen versuchen, wie viel diese Teilchen zur Masse des Protons beitragen mögen, zeigt sich, dass die Quarks selbst tatsächlich sehr wenig zur Gesamt-

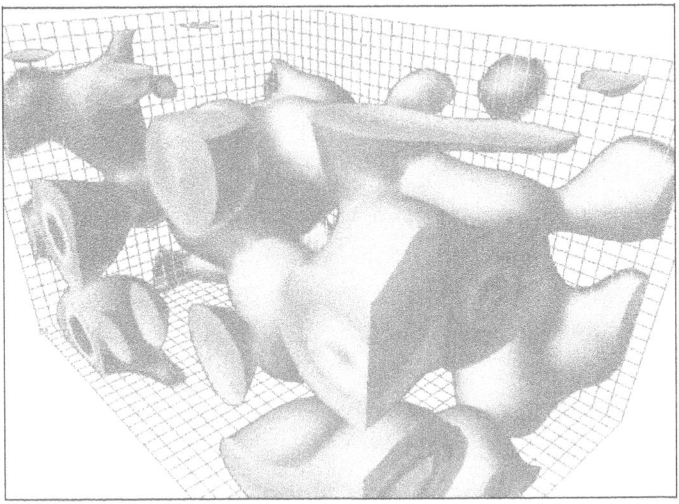

masse beisteuern. Es sind vielmehr die von diesen Teilchen erzeugten Felder, die den größten Teil der Energie liefern, welche in die Ruheenergie des Protons und somit in seine Ruhemasse eingeht. Das gilt auch für das Neutron, und weil wir aus Protonen und Neutronen bestehen, trifft das auch für jeden von uns zu!

Wenn wir nun die Auswirkungen virtueller Teilchen auf den ansonsten leeren Raum in Atomen und in ihrer unmittelbaren Umgebung sowie die Auswirkungen virtueller Teilchen auf den leeren Raum in Protonen berechnen können, sollten wir dann nicht auch in der Lage sein, die Auswirkungen virtueller Teilchen auf den wirklich leeren Raum zu berechnen?

Nun, diese Kalkulation ist deutlich schwieriger. Denn wenn wir die Wirkung virtueller Teilchen auf Atome oder auf die Protonenmasse berechnen, kalkulieren wir eigentlich die Gesamtenergie des Atoms oder Protons *einschließlich* virtueller Teilchen; anschließend berechnen wir die Gesamtenergie, die die virtuellen Teilchen ohne ein anwesendes Atom oder Proton (also im leeren Raum) beitragen würden. *Dann* subtrahieren wir die beiden Zahlen, um die Netto-Auswirkung auf das Atom oder Proton zu bestimmen. Das ist notwendig, weil sich zeigt, dass jede dieser beiden Energien formal unendlich groß ist, wenn wir die entsprechenden Gleichungen zu lösen versuchen; subtrahieren wir dagegen die beiden Größen, erhalten wir eine endliche Differenz, die zudem auch noch genau mit dem gemessenen Wert übereinstimmt!

Wollen wir aber die Auswirkung virtueller Teilchen auf den leeren Raum allein berechnen, gibt es nichts zu subtrahieren, weshalb das Resultat hier unendlich groß ist.

Doch unendliche Werte sind keine erfreuliche Größe, zumindest für Physiker – wir versuchen sie möglichst zu vermeiden. Die Energie des leeren Raums (oder jedes anderen Objekts) kann eindeutig nicht physikalisch unendlich groß sein, und deshalb müssen wir uns eine Möglichkeit einfallen lassen, die Berechnung so auszuführen, dass wir ein endliches Ergebnis erhalten.

Woher der Wert unendlich kommt, ist leicht darzustellen. Betrachten wir alle möglichen virtuellen Teilchen, die erscheinen können, so impliziert das Heisenberg'sche Unbestimmtheitsprinzip*, dass Teilchen, die zunehmend mehr Energie tragen, spontan aus dem Nichts erscheinen können, solange sie anschließend in immer kürzeren Zeitabschnitten wieder verschwinden. Im Prinzip können Teilchen also fast unend-

* Wie wir uns erinnern, besagt es, dass die Unbestimmtheit in der gemessenen Energie umgekehrt proportional zu der Zeitspanne ist, über die wir sie beobachten.

lich große Energie tragen, sofern sie in fast unendlich kurzen Zeitabschnitten wieder verschwinden.

Die Gesetze der Physik, wie wir sie verstehen, gelten jedoch nur für Entfernungen und Zeitabschnitte, die einen bestimmten Wert übersteigen. Dieser hat mit der Skala zu tun, auf der wir die Effekte der Quantenmechanik betrachten müssen, wenn wir die Schwerkraft (und ihre entsprechenden Auswirkungen auf die Raumzeit) verstehen wollen. Solange wir nicht über eine Theorie der sogenannten Quantengravitation verfügen, können wir keinen Extrapolationen trauen, die über diese Grenzen hinausgehen.

Somit bleibt zu hoffen, dass die neue, mit der Quantengravitation verbundene Physik irgendwie imstande sein wird, die Effekte jener virtuellen Teilchen abzutrennen, deren Lebensdauer kürzer ist als die sogenannte Planck-Zeit. Sehen wir uns dann nur die kumulativen Effekte der virtuellen Teilchen an, deren Energien gleich oder kleiner sind als die Energie, die bei dieser zeitweiligen Abtrennung zulässig ist, erhalten wir einen endlichen Schätzwert für die Energie, die virtuelle Teilchen zum Nichts beitragen.

Doch damit haben wir ein Problem. Wie sich zeigt, ist dieser geschätzte Wert ungefähr 1 000 000 000 000 000 000 000 000 000 000 000 000 000 000 000 000 000 000 000 000 000 000 000 000 000 000 000 000 000 000 000 000 000 000 000 000 000 000 000 000-mal größer als die Energie, die mit der gesamten bekannten Materie im Universum einschließlich der Dunklen Materie verbunden ist!

Falls die Berechnung der Abstände zwischen atomaren Energieniveaus einschließlich der virtuellen Teilchen die beste Berechnung der gesamten Physik ist, so ist diese Schätzung der Energie des Raums – 120 Größenordnungen größer als die Energie aller anderen Bestandteile des Universums – zweifellos die schlechteste! Wäre die Energie des leeren Raums auch nur annähernd so groß, würde das eine abstoßende Kraft induzieren,* die ausreichte, die Erde heute explodieren zu lassen. Entscheidend ist aber: In der Frühzeit wäre diese Energie so groß gewesen, dass alles, was wir heute im Universum sehen, schon in einem Bruchteil der ersten Sekunde des Big Bang blitzartig auseinandergetrieben worden wäre. Es hätten niemals Strukturen, Sterne, Planeten und Menschen entstehen können.

Dieses Problem, das man angemessen als Problem der kosmologischen Konstante bezeichnet, war schon einige Zeit bevor ich studierte in der Welt – es war der russische Kosmologe Jakow Seldowitsch, der es um 1967 als Erster formulierte. Es ist bis heute nicht gelöst und vielleicht das tiefste ungelöste Grundsatzproblem der heutigen Physik.

Ungeachtet der Tatsache, dass wir seit mehr als 40 Jahren keine Ahnung haben, wie das Problem zu lösen sein könnte, wussten wir als theoretische Physiker, wie die Antwort lauten musste. Wie der erwähnte Viertklässler, der vermutet hätte, dass die Energie des leeren Raums null betragen müsse, glaubten auch wir, dass eine noch abzuleitende Theorie erklären würde, wie die Effekte der virtuellen Teilchen einander aufhoben, was den leeren Raum mit einer Energie von exakt null übrig ließe. Oder nichts. Oder vielmehr das Nichts.

Unsere Überlegungen waren besser als die des Viertklässlers, zumindest glaubten wir das. Wir mussten die Größenordnung der Energie des leeren Raums von dem wahrhaft

* Wir erinnern uns, dass die Energie des leeren Raums mit der kosmologischen Konstante zusammenhängt.

ungeheuren Wert, den die naive Schätzung erwarten ließ, auf einen Wert reduzieren, der mit den von der Beobachtung zugelassenen Obergrenzen übereinstimmte. Wir benötigten demnach irgendeine Möglichkeit, von einer sehr großen positiven Zahl eine sehr große negative Zahl abzuziehen, sodass die beiden sich bis auf 120 Dezimalstellen aufhoben, damit an der 121. Dezimalstelle etwas übrig blieb, was ungleich null war! In der Wissenschaft gibt es jedoch keinen Präzedenzfall, bei dem zwei große Zahlen einander mit derart großer Präzision aufheben, dass nur eine Winzigkeit zurückbleibt.

Null ist dagegen eine leicht darzustellende Zahl. Aufgrund von Symmetrien der Natur können wir oft zeigen, dass es exakt gleiche, entgegengesetzte Beiträge gibt, die aus verschiedenen Teilen einer Berechnung hervorgehen. Sie heben einander auf und lassen exakt nichts übrig. Oder noch einmal, das Nichts.

Somit konnten wir Theoretiker entspannt bleiben und nachts gut schlafen. Wir wussten nicht, wie wir dort hinkommen konnten, waren aber sicher, wie die endgültige Antwort zu lauten hatte.

Die Natur hatte jedoch etwas anderes im Sinn.

5. Kapitel

Das fliehende Universum

Es ist einfach Unsinn, gegenwärtig an den Ursprung des Lebens zu denken; man könnte ebenso gut an den Ursprung der Materie denken.

Charles Darwin, 1863

Was Michael Turner und ich 1995 vorbrachten, war extrem ketzerisch. Wir hatten kaum mehr als theoretische Annahmen für die Unterstellung, das Universum sei flach.* Anschließend folgerten wir, dass die gesamten damals verfügbaren kosmologischen Daten nur dann mit einem flachen Universum übereinstimmten, wenn etwa 30 Prozent der Gesamtenergie in irgendeiner Form »Dunkler Materie« vorlagen, die – worauf Beobachtungen hinzuweisen schienen – rund um Galaxien und Cluster existierte. Noch viel seltsamer war aber die Folgerung, dass die verbleibenden 70 Prozent der Gesamtenergie im Universum nicht in irgendeiner

* Ich sollte hier noch einmal betonen, dass ein »flaches« dreidimensionales Universum nicht in der Art eines zweidimensionalen Pfannkuchens eben ist. Vielmehr handelt es sich um den dreidimensionalen Raum, den wir uns intuitiv vorstellen – in ihm sind Lichtstrahlen geradlinig unterwegs. Dem stehen die weit schwerer vorstellbaren gekrümmten dreidimensionalen Räume gegenüber, in denen Lichtstrahlen, die der zugrunde liegenden Raumkrümmung folgen, nicht geradlinig unterwegs sind.

Form von Materie, sondern vielmehr im leeren Raum vorhanden waren.

Unsere Idee war in jeder Hinsicht verrückt. Damit ein mit unserer Behauptung übereinstimmender Wert für die kosmologische Konstante herauskam, musste der im letzten Kapitel dargestellte Schätzwert für diese Größe irgendwie um 120 Größenordnungen verringert werden und dürfte dann immer noch nicht genau bei null liegen. Das würde die strengste Feinabstimmung irgendeiner in der Natur bekannten Größe einschließen, ohne dass jemand eine Ahnung hatte, wie das aufeinander abgestimmt werden könnte.

Unter anderem deshalb erntete ich, als ich an verschiedenen Universitäten Vorträge über das Dilemma eines flachen Universums hielt, zumeist ein Lächeln und sonst nichts. Ich glaube nicht, dass unser Vorschlag von vielen Menschen ernst genommen wurde, und bin mir nicht einmal sicher, ob Turner und ich ihn ernst nahmen. Unser Aufsatz sorgte für Stirnrunzeln, weil darin eine Tatsache grafisch dargestellt wurde, die allmählich nicht nur uns, sondern auch mehreren Theoretikern unter unseren Kollegen in aller Welt dämmerte: Irgendetwas stimmte nicht mit dem damaligen »Standardmodell« unseres Universums, in dem fast die gesamte Energie, die von der Allgemeinen Relativität für ein gegenwärtig flaches Universum gefordert wird, als exotische Dunkle Materie* vorliegen sollte.

Von einem Kollegen wurde ich kürzlich daran erinnert, dass unser bescheidener Vorschlag in den zwei Jahren nach seiner Veröffentlichung nur in wenigen Folgeaufsätzen zitiert wurde,

* Mit einer Prise Baryonen, also mit uns Erdlingen, Sternen und sichtbaren Galaxien als Würze für die Mischung.

wobei diese Verweise mit einer oder zwei Ausnahmen in Arbeiten erschienen, die Turner oder ich geschrieben hatten! So verwirrend unser Universum auch sein mag: Mehrheitlich glaubte die Wissenschaftsgemeinde, es könne nicht so verrückt sein, wie Turner und ich das vorschlugen.

Der einfachste alternative Ausweg aus den Widersprüchen war die Möglichkeit, dass das Universum nicht flach, sondern offen ist.* Das war natürlich vor dem Zeitpunkt, an dem die Messungen der Kosmischen Mikrowellen-Hintergrundstrahlung klarmachten, dass diese Option nicht brauchbar war. Doch auch das offene Universum hatte seine Probleme, selbst wenn die Situation hier ebenfalls alles andere als klar war.

Jeder Gymnasiast wird einem freudig erklären, dass die Schwerkraft universell anziehend wirkt. Wie bei so vielen Dingen der Naturwissenschaft erkennen wir inzwischen natürlich, dass wir unseren Horizont erweitern müssen, weil die Natur phantasievoller ist als wir. Nehmen wir für den Augenblick an, die Expansion des Universums habe sich aufgrund der anziehenden Natur der Gravitation verlangsamt. Dann sollten wir uns daran erinnern, dass wir eine Obergrenze für das Alter des Universums erhalten, wenn wir davon ausgehen, dass die Geschwindigkeit einer Galaxie in einer bestimmten Entfernung seit dem Urknall konstant geblieben ist. Denn wenn das Universum abgebremst worden ist, dann hat sich die Galaxie einst schneller von uns fortbewegt. Sie hätte demnach weniger Zeit benötigt, ihre aktuelle Position zu erreichen, als wenn sie permanent mit gleicher Geschwindigkeit unterwegs gewesen wäre. In einem von Materie be-

* In einem offenen Universum laufen parallele Lichtstrahlen heute auseinander, wenn wir ihren Verlauf rückwärts verfolgen.

herrschten offenen Universum wäre das Abbremsen des Universums langsamer verlaufen als in einem flachen Universum, weshalb das abgeleitete Alter des Universums höher wäre als bei einem von Materie beherrschten flachen Universum – bei der gleichen aktuell gemessenen Expansionsrate. Es läge tatsächlich viel näher an dem Wert, den wir unter der Annahme einer konstanten Expansionsrate über kosmische Zeiträume hinweg abschätzen.

Wie wir wissen, würde leerer Raum mit null Energie eine einer kosmologischen Konstante ähnliche Abstoßungskraft hervorrufen, was einschließt, dass die Expansion des Universums in kosmologischen Zeiträumen beschleunigt abliefe – Galaxien hätten sich vorher also langsamer voneinander entfernt als heute. Daraus ergäbe sich, dass sie bis zum Erreichen ihrer heutigen Distanz noch länger gebraucht hätten als bei konstanter Expansion. Tatsächlich erhalten wir für eine gegebene Messung der heutigen Hubble-Konstante die längste mögliche Lebenszeit unseres Universums (etwa 20 Milliarden Jahre), wenn wir die Möglichkeit einer kosmologischen Konstante gemeinsam mit dem gemessenen Betrag sichtbarer und Dunkler Materie einbeziehen – sofern es uns freisteht, diesen Wert an der heutigen Materiedichte des Universums auszurichten.

1996 arbeitete ich zusammen mit Brian Chaboyer und unseren Mitarbeitern Pierre Demarque in Yale und dem Postdoktoranden Peter Kernan an der Case Western Reserve University daran, als Untergrenze für das Alter dieser Sterne etwa 12 Milliarden Jahre zu bestimmen. Das erreichten wir, indem wir die Evolution vieler Millionen verschiedener Sterne auf Hochgeschwindigkeits-Computern modellierten. Wir verglichen deren Farben und Helligkeiten mit realen Sternen, die in Kugelhaufen innerhalb unserer Milchstraße zu beobachten sind – sie galten lange Zeit als einige der ältesten Objekte in der Milchstraße. Unter der Annahme, dass unsere Galaxie sich in etwa einer Milliarde Jahren gebildet hat, schloss diese Untergrenze ein von Materie dominiertes flaches Universum effektiv aus; sie favorisierte vielmehr eines mit einer kosmologischen Konstante (einer der Faktoren, die in die Schlussfolgerungen meines früheren Aufsatzes mit Turner eingegangen waren), während ein offenes Universum haarscharf an der Kante des Möglichen schwankte.

Was das Alter der ältesten Sterne angeht, waren jedoch Schlussfolgerungen erforderlich, die auf Beobachtungen an der Grenze der damals üblichen Messempfindlichkeit beruhten. 1997 wurden wir durch neue Beobachtungsdaten gezwungen, unsere Schätzung um etwa 2 Milliarden Jahre nach unten zu korrigieren, was ein etwas jüngeres Universum ergab. Damit wurde die Situation noch viel undurchsichtiger – erneut erschienen alle drei Kosmologien als möglich, was viele von uns zurück ans Zeichenbrett brachte. All das änderte sich 1998 – zufällig war das auch das Jahr, in dem das BOOMERanG-Experiment zeigte, dass das Universum flach ist.

In den 70 Jahren, seit Edwin Hubble die Expansionsrate des Universums gemessen hatte, haben Astronomen zunehmend intensiver daran gearbeitet, deren exakten Wert zu bestimmen. Erinnern wir uns: In den 1990ern hatten sie schließlich eine »Standardkerze« gefunden – ein Objekt, von dem Beobachter glaubten, seine absolute Helligkeit unabhängig feststellen zu können, weshalb sie durch die Messung seiner sichtbaren Helligkeit auf seine Entfernung schließen konnten. Die Standardkerze schien verlässlich zu sein und konnte über die Tiefen von Raum und Zeit hinweg beobachtet werden.

Wie kurz zuvor demonstriert worden war, zeigte eine bestimmte Art explodierender Sterne (vom Typ 1a-Supernova) sowohl Leuchtkraft als auch Langlebigkeit. Um zu messen, wie lange eine bestimmte Supernova des Typs 1a ihre Helligkeit beibehielt, musste man zunächst die Effekte der Zeitdilation einbeziehen, die auf die Expansion des Universums zurückzuführen sind. So ist die gemessene Lebensdauer einer solchen Supernova länger als die tatsächliche Lebensdauer innerhalb ihres Ruhesystems. Dessen ungeachtet konnten wir auf die absolute Helligkeit schließen und mit Teleskopen die sichtbare Helligkeit messen, woraus wir letztlich die Entfernung der Heimatgalaxie bestimmten, in der die Supernova explodiert war. Mit der gleichzeitigen Messung der Rotverschiebung der Galaxie war es uns möglich, deren Geschwindigkeit zu bestimmen. Kombinieren wir die beiden Größen, können wir mit zunehmender Genauigkeit die Expansionsrate des Universums messen.

Weil Supernovae so hell sind, stellen sie nicht nur ein großartiges Werkzeug zur Messung der Hubble-Konstante bereit, sondern ermöglichen es den Beobachtern auch, in Entfernungen zurückzuschauen, die einen erheblichen Anteil am Gesamtalter des Universums ausmachen.

Das eröffnete eine neue und spannende Möglichkeit, die von Beobachtern als weit aufregendere Beute angesehen wurde – damit konnte gemessen werden, wie die Hubble-Konstante sich im Verlauf kosmischer Zeiträume verändert.

Zu messen, wie eine Konstante sich ändert, klingt nach einem Widerspruch in sich, und angesichts der Tatsache, dass wir Menschen nur eine so kurze Lebensspanne haben, wäre es das auch. In menschlichen Maßstäben ist die Expansionsrate des Universums in der Tat konstant. Doch die Expansionsrate des

Universums wird sich, wie ich gerade dargestellt habe, aufgrund der Gravitationseffekte in kosmischen Zeiträumen verändern.

Die Astronomen überlegten, wenn sie die Geschwindigkeit und den Abstand weit entfernter Galaxien – weit jenseits des sichtbaren Universums – messen konnten, müssten sie doch auch die Rate messen können, mit der die Expansion des Universums langsamer wurde.* Das wiederum, so hofften sie, würde aufdecken, ob das Universum offen, geschlossen oder flach ist, weil die Rate der Verlangsamung als Funktion der Zeit für jede Geometrie unterschiedlich groß ist.

1996 verbrachte ich sechs Wochen als Gast am Lawrence Berkeley Laboratory. Ich hielt Vorlesungen über Kosmologie und diskutierte mit meinen Kollegen dort verschiedene Wissenschaftsprojekte. Ich hielt einen Vortrag über unsere Behauptung, dass der leere Raum Energie enthalten könne, und anschließend kam Saul Perlmutter, ein junger, mit dem Aufspüren ferner Supernovae befasster Physiker, zu mir und sagte: »Wir werden beweisen, dass Sie falsch liegen!«

Saul meinte den Aspekt des von uns vorgeschlagenen flachen Universums, wonach 70 Prozent seiner Energie im leeren Raum enthalten sein sollten. Erinnern wir uns: Eine solche Energie würde für eine kosmologische Konstante mit einer abstoßenden Kraft sorgen, die dann durch den gesamten Raum hindurch existieren und die Expansion des Universums beherrschen würde – die Expansion würde damit *schneller* und nicht langsamer werden.

Wenn die Expansion des Universums sich also im Rahmen kosmischer Zeiträume beschleunigen würde, dann wäre es

* Denn jeder ging davon aus, dass das Universum sich vernünftig verhielt und dass die vorherrschende Gravitationskraft im Universum anziehend wirkte.

heute älter als in dem Fall, bei dem wir eine sich verlangsamende Expansion annehmen würden. Das wiederum würde einschließen, dass der Rückblick auf Galaxien mit gegebener Rotverschiebung zeitlich weiter zurückreichen würde als sonst. Und wenn sie sich über einen längeren Zeitraum hinweg von uns entfernt haben, so würde das bedeuten, dass das von ihnen ausgehende Licht aus größerer Entfernung käme als im anderen Fall. Die Supernovae in Galaxien mit einer bestimmten gemessenen Rotverschiebung würden uns dann schwächer vorkommen, als wenn ihr Licht aus geringerer Entfernung gekommen wäre. Würde man Geschwindigkeit gegen Distanz messen und das Resultat grafisch darstellen, würde die Steigung der Kurve für relativ nahe Galaxien es uns ermöglichen, die heutige Expansionsrate zu bestimmen. Und bei fernen Supernovae könnten wir aus einer aufwärts oder abwärts gekrümmten Kurve ablesen, ob das Universum in kosmischen Zeiträumen schneller wird oder langsamer:

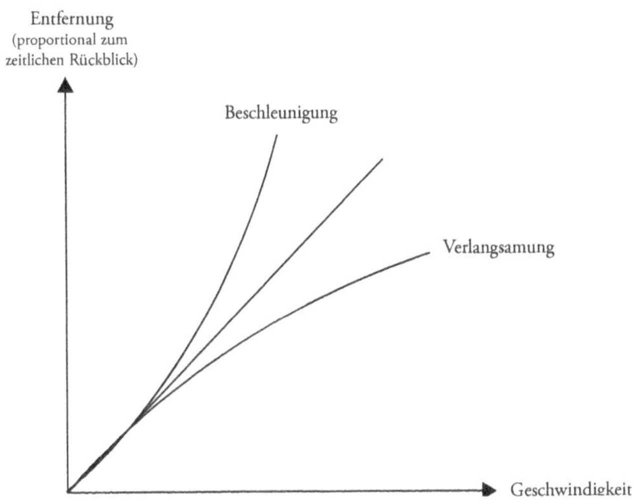

Zwei Jahre nach unserem Treffen veröffentlichten Saul und seine Mitarbeiter als Mitglieder eines internationalen Teams namens Supernova Cosmology Project einen auf ersten vorläufigen Daten beruhenden Aufsatz, der tatsächlich darauf hindeutete, dass wir falsch lagen.* Ihren Daten zufolge war der Graph aus Entfernung gegen Rotverschiebung abwärts gekrümmt, weswegen eine Obergrenze für die Energie des leeren Raums um einiges unter dem Wert liegen musste, der erforderlich gewesen wäre, um einen bedeutenden Beitrag zur heutigen Gesamtenergie liefern zu können.

Doch oft sind die ersten hereinkommenden Daten nicht repräsentativ für die Gesamtheit der Daten – entweder man hat statistisch gesehen einfach Pech, oder unerwartete systematische Fehler beeinträchtigen die Daten, die nicht aussagekräftig sind, solange nicht eine viel größere Stichprobe vorliegt. Bei den vom Supernova Cosmology Project veröffentlichten Daten war genau das der Fall, weshalb die Schlussfolgerungen unzutreffend waren.

Ein weiteres Supernova-Forschungsprojekt namens High-Z Supernova Search Team unter Leitung von Brian Schmidt am Mt.-Stromlo-Observatorium in Australien arbeitete an einem Programm mit dem gleichen Ziel, und dort begann man andere Resultate zu erhalten. Als ihre erste aussagekräftige Bestimmung von High-Z Supernova hereinkam, die auf ein sich beschleunigendes Universum mit erheblicher Vakuumenergie schließen ließ, wurde ihnen, wie Schmidt mir kürzlich mitteilte, weitere Nutzungszeit am Teleskop verwei-

* Sie sagten nicht explizit, dass Turner und ich unrecht hatten, weil sie unseren Vorschlag ebenso wie der überwiegende Teil der anderen Beobachter ohnehin nicht für besonders glaubwürdig hielten.

gert mit dem Argument, sie müssten falsch liegen, weil das Supernova Cosmology Project bereits herausgefunden habe, dass das Universum tatsächlich flach sei und von Materie beherrscht werde.

Die Geschichte des Wettstreits zwischen den beiden Gruppen wird gewiss noch oft in allen Einzelheiten durchgespielt werden. Hier ist nicht der Ort, sich Gedanken um die Priorität zu machen. Es genügt wohl, darauf hinzuweisen, dass Schmidts Gruppe Anfang 1998 einen Aufsatz veröffentlichte, in dem gezeigt wurde, dass das Universum sich zu beschleunigen schien. Etwa sechs Monate später verkündete Perlmutters Gruppe ähnliche Ergebnisse und veröffentlichte einen Aufsatz, der das Ergebnis von High-Z Supernova bestätigte, womit sie faktisch ihren früheren Irrtum eingestand. Das machte das Konzept eines von der Energie des leeren Raums – heute heißt sie üblicherweise Dunkle Energie – dominierten Universums noch glaubwürdiger. 2011 erhielten die beiden den Nobelpreis für diese Entdeckung, gemeinsam mit Adam Riess, der am High-2-Supernova-Projekt mitarbeitete.

Das Tempo, in dem diese Ergebnisse von der wissenschaftlichen Gemeinde übernommen wurden – obwohl dazu eine umfassende Revision des gesamten akzeptierten Bildes vom Universum erforderlich war –, liefert eine interessante Studie zur Soziologie der Naturwissenschaften. Es schien, als würden die Resultate fast über Nacht allgemein anerkannt, obwohl doch, wie Carl Sagan betont hat, »außerordentliche Behauptungen außerordentlicher Beweise bedürfen«. Und wenn es je eine außergewöhnliche Behauptung gegeben hat, so lag sie hier vor.

Als *Science* im Dezember 1998 die Entdeckung eines sich beschleunigenden Universums als wissenschaftlichen Durchbruch des Jahres bezeichnete und ein bemerkenswertes Titelbild mit der Zeichnung eines bestürzt dreinschauenden Einstein brachte, war ich schockiert:

Dabei war ich nicht etwa erschüttert, weil ich meinte, das Resultat habe keine Titelstory verdient. Ganz im Gegenteil. Wenn es sich als wahr herausstellte, handelte es sich um eine der wichtigsten astronomischen Entdeckungen unserer Zeit, aber damals waren die Daten nur ein starkes Indiz. Sie erforderten einen großen Wandel unseres Bildes vom Universum. Deshalb hätten wir meiner Ansicht nach erst andere mögliche Ursachen der von den Teams beobachteten Effekte definitiv ausschließen sollen, ehe alle auf den Zug der kosmologischen

Konstante aufsprangen. Zumindest einem Journalisten gegenüber habe ich das damals so ausgedrückt: »Das erste Mal, dass ich nicht an eine kosmologische Konstante geglaubt habe, war der Moment, als Beobachter behaupteten, sie entdeckt zu haben.«

Meine ein wenig spöttische Reaktion mag merkwürdig erscheinen, wenn man weiß, dass ich diese Möglichkeit in der einen oder anderen Form vielleicht ein Jahrzehnt lang selbst propagiert habe. Als Theoretiker bin ich der Meinung, dass Spekulation in Ordnung ist, besonders wenn damit neue Zugangswege für Experimente erschlossen werden. Wenn es jedoch um die Untersuchung realer Daten geht, bin ich aus Überzeugung möglichst konservativ – vielleicht weil meine wissenschaftliche Reifezeit in eine Periode fiel, in der so viele neue und aufregende, aber auch vorläufige Behauptungen auf meinem eigenen Gebiet, der Teilchenphysik, sich als ungerechtfertigt erwiesen haben. Entdeckungen, die von einer behaupteten fünften Kraft in der Natur über das Auftauchen neuer Elementarteilchen bis hin zu der Vermutung reichten, unser Universum insgesamt würde rotieren, sind mit großem Bohei aufgetaucht und wieder verschwunden.

Im Hinblick auf die behauptete Entdeckung eines sich beschleunigenden Universums war die größte Sorge, dass ferne Supernovae vielleicht schwächer erscheinen, als man von ihnen erwartet – nicht wegen einer beschleunigten Expansion, sondern allein deshalb, weil sie entweder a) schwächer *sind* oder b) eine in der Frühzeit vorhandene Ansammlung von intergalaktischem oder galaktischem Staub sie möglicherweise zum Teil verdunkelt.

Dessen ungeachtet hat sich im vergangenen Jahrzehnt gezeigt, dass die Beweise für eine Beschleunigung überwältigend und fast unabweisbar geworden sind. Zuerst hat man viele weitere Supernovae mit starker Rotverschiebung gemessen. Diese Daten haben nach einer kombinierten Analyse der Supernovae beider Gruppen, die im Jahr nach der Veröffentlichung durchgeführt wurde, zu folgender Grafik geführt:

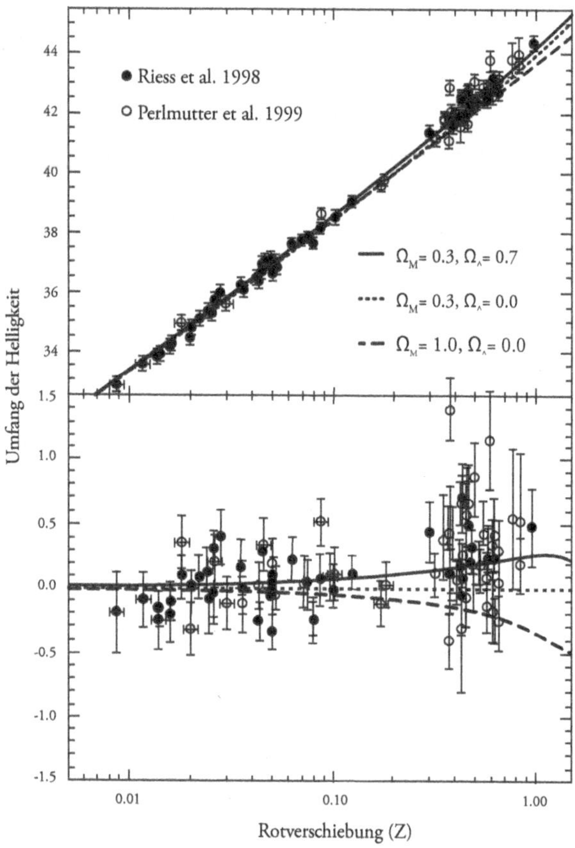

Damit man besser erkennen kann, ob die Kurve Entfernung vs. Rotverschiebung aufwärts oder abwärts gekrümmt ist, haben die Beobachter als Orientierungshilfe in der oberen Hälfte der Grafik eine von links unten nach rechts oben ansteigende Gerade eingezeichnet. Sie verläuft durch die Daten, die nahe gelegene Supernovae repräsentieren. Die Steigung der Gerade gibt die heutige Expansionsrate wieder. In der unteren Hälfte der Abbildung ist diese Gerade als Orientierungshilfe in die Horizontale verlegt. Würde das Universum abgebremst, wie man 1998 erwartet hatte, so fiele die ferne Supernova mit einer nahe bei 1 liegenden Rotverschiebung (Z) unter die Gerade. Wie jedoch zu sehen ist, finden sich die meisten Daten oberhalb der Gerade. Das ist auf einen von zwei Gründen zurückzuführen. Entweder

(1) die Daten sind falsch oder
(2) die Expansion des Universums beschleunigt sich.

Wählen wir für den Augenblick die zweite Möglichkeit und fragen: »Wie viel Energie müssten wir in den leeren Raum stecken, damit die beobachtete Beschleunigung zustande kommt?« Die Antwort, die wir dazu erhalten, ist bemerkenswert: Die durchgezogene Kurve, welche die Daten am besten zusammenfasst, entspricht einem flachen Universum, bei dem 30 Prozent der Energie in Materie und 70 Prozent im leeren Raum enthalten sind. Bemerkenswerterweise ergibt das genau den Betrag, der erforderlich ist, damit ein flaches Universum mit der Tatsache in Einklang steht, dass nur 30 Prozent der notwendigen Masse innerhalb von Galaxien und Clustern sowie deren Umgebung vorliegen. Damit ist eine offensichtliche Übereinstimmung erzielt worden.

Weil aber die Behauptung, dass 99 Prozent des Universums unsichtbar seien (das 1 Prozent sichtbare Materie ist eingebettet in ein Meer Dunkler, von Energie umgebener Materie im leeren Raum), in die Kategorie »außerordentliche Behauptung« fällt, sollten wir auch die erste der beiden oben aufgeführten Möglichkeiten ernsthaft in Erwägung ziehen – dass nämlich die Daten falsch sind. In den letzten zehn Jahren haben jedoch alle übrigen Daten der Kosmologie weiterhin das übereinstimmende Bild eines schäbigen, flachen Universums bekräftigt, in dem die dominante Energie im leeren Raum residiert und in dem alles, was wir sehen können, weniger als 1 Prozent der Gesamtenergie ausmacht, während der Rest aus irgendeiner noch unbekannten, neuen Art von Elementarteilchen besteht.

Zuerst sind bessere Daten zur Evolution von Sternen herangezogen worden, als neue Satelliten uns Informationen zur Häufigkeit von Elementen in alten Sternen geliefert haben. Mit ihnen konnten mein Kollege Chaboyer und ich 2005 eindeutig nachweisen, dass die Unsicherheiten bei den Schätzungen des Alters des Universums unter Verwendung dieser Daten nun klein genug waren, um eine Lebenszeit von weniger als elf Milliarden Jahren ausschließen zu können. Das wiederum war nicht mit einem Universum in Einklang zu bringen, das keine Energie im leeren Raum enthielt. Weiterhin gilt: Da wir nicht sicher sind, dass diese Energie auf eine kosmologische Konstante zurückzuführen ist, läuft sie nun unter der einfacheren Bezeichnung »Dunkle Energie« – analog zur Signatur der »Dunklen Materie«, welche die Galaxien beherrscht.

Ungefähr im Jahr 2006 wurde diese Schätzung für das Alter unserer Galaxie erheblich verbessert – neue Präzisionsmessungen des Kosmischen Mikrowellen-Hintergrunds mithilfe des WMAP-Satelliten ermöglichten es den Beobachtern, die seit dem Big Bang verstrichene Zeit präzise zu bestimmen. Inzwischen kennen wir das Alter des Universums auf vier signifikante Stellen genau. Es ist 13,72 Milliarden Jahre alt!

Ich hätte mir nie vorstellen können, dass wir zu meinen Lebzeiten eine solche Genauigkeit erreichen würden. Da wir nun aber darüber verfügen, können wir bestätigen, dass ein Universum mit der gemessenen heutigen Expansionsrate ohne Dunkle Energie keinesfalls so alt sein könnte – insbesondere nicht ohne eine Dunkle Energie, die sich letztlich wie eine kosmologische Konstante verhält. Anders gesagt, es handelt sich um Energie, die im zeitlichen Verlauf konstant zu bleiben scheint.

Mit dem nächsten wissenschaftlichen Durchbruch konnten Beobachter exakt messen, wie Materie sich in kosmischen Zeiträumen in Form von Galaxien zusammengeballt hat. Das Ergebnis hängt mit der Expansionsrate des Universums zusammen, weil die anziehende Kraft, die Galaxien aufeinander zu fallen lässt, gegen die kosmische Expansion arbeitet, die Materie auseinandertreibt. Je größer die Energie des leeren Raums, desto früher wird sie zur beherrschenden Energie des Universums werden. Entsprechend früher wird das wachsende Expansionstempo schließlich den schwerkraftbedingten Kollaps der Materie in immer größeren Maßstäben beenden.

Mit der Messung der schwerkraftbedingten Haufenbildung hat man also erneut bestätigen können, dass das einzige mit der beobachteten großräumigen Struktur des Universums übereinstimmende flache Universum ungefähr 70 Prozent Dunkle Energie einschließt. Diese Dunkle Energie verhält sich mehr oder weniger wie eine kosmologische Konstante.

Unabhängig von diesen indirekten Erkundungen der Expansionsgeschichte des Universums haben die Supernova-Beobachter ausführlich eine Reihe von Wegen getestet, auf denen ihre Analysen durch systematische Fehler beeinflusst werden konnten (darunter auch die Möglichkeit, dass vermehrter Staub in großen Entfernungen Supernovae schwächer erscheinen lässt), und diese Fehlerquellen nacheinander ausgeschlossen.

Zu einem der wichtigsten Tests gehörte es, in die Vergangenheit zurückzublicken.

In einer früheren Phase der Geschichte des Universums, als das, was nun unsere aktuelle beobachtbare Region ausmacht, noch viel kleiner war, war die Materiedichte viel größer. Dagegen bleibt die Energiedichte des leeren Raums im Lauf der Zeit gleich, falls sie sich aus einer kosmologischen Konstante – oder etwas in dieser Art – ableitet. Als das Universum noch nicht einmal halb so groß war wie heute, wäre die Energiedichte der Materie also größer gewesen als die Energiedichte des leeren Raums. Die auf die Expansion wirkende Gravitationskraft wäre demnach auf die Materie zurückzuführen gewesen, und das Universum wäre verlangsamt worden.

In der klassischen Mechanik gibt es einen Namen für den Punkt, an dem ein System seine Beschleunigung ändert und insbesondere nicht mehr langsamer, sondern schneller wird – er heißt »Ruck«. 2003 organisierte ich an meiner Universität eine Konferenz, die sich mit der Zukunft der Kosmologie befassen sollte. Unter anderem lud ich Adam Riess ein, der beim Projekt High-Z Supernova mitgemacht und mir mitgeteilt hatte, er habe bei der Konferenz etwas Interessantes vorzustellen. Dem war in der Tat so. Am nächsten Tag brachte die *New York Times* in ihrem Bericht über die Konferenz ein Foto von Riess – neben der Schlagzeile »Cosmic Jerk Discovered« (Kosmischer Ruck/Trottel entdeckt). Ich habe das Foto aufgehoben und sehe es mir immer wieder einmal gern an.

Die detaillierte Aufzeichnung der Expansionsgeschichte des Universums zeigt, dass es von einer Periode der Verlangsamung zur Beschleunigung überging. Das verlieh der Behauptung zusätzliches Gewicht, dass die ursprünglichen Beobachtungen, aus denen die Existenz Dunkler Materie hervorging, in der Tat korrekt waren. Nachdem mittlerweile so viele weitere Belege verfügbar sind, ist nur schwer vorstellbar, dass wir uns irgendwie auf ein vergebliches Bemühen einlassen, wenn wir uns an diesem Bild orientieren. Ob man es mag oder nicht, die Dunkle Energie scheint uns zu bleiben – oder zumindest so lange zu bleiben, bis sie sich auf irgendeine Weise wandelt.

Ursprung und Art der Dunklen Energie stellen heute ohne jeden Zweifel das größte Mysterium der Grundlagenphysik dar. Wir verstehen im Grunde nicht, wo sie herkommt und warum sie den vorliegenden Wert besitzt. Deshalb haben wir auch keine Ahnung, warum sie erst vor relativ kurzer Zeit – ungefähr in den vergangenen 5 Milliarden Jahren – begonnen hat, die Expansion des Universums zu beherrschen, oder ob das vollkommen zufällig geschehen ist. Die Vermutung liegt nahe, dass ihre Natur auf irgendeine grundlegende Weise mit dem Ursprung des Universums verknüpft ist. Und wir erwarten, dass sie seine Zukunft bestimmen wird.

6. Kapitel

Die Gratismahlzeit am Ende des Universums

Der Weltraum ist groß. Verdammt groß.
Du kannst dir einfach nicht vorstellen, wie groß,
gigantisch, wahnsinnig riesenhaft der Weltraum ist.
Du glaubst vielleicht, die Straße runter
bis zur Drogerie ist weit, aber das ist einfach ein
Klacks, verglichen mit dem Weltraum.

Douglas Adams,
Per Anhalter durch die Galaxis

Eines von zweien ist nicht schlecht, denke ich. Wir Kosmologen hatten (wie sich herausstellte, richtig) vermutet, dass das Universum flach ist, und so brachte es uns nicht sonderlich in Verlegenheit, als sich dann noch zeigte, dass der leere Raum tatsächlich Energie besitzt – sogar genug Energie, um die Expansion des Universums zu dominieren. Es leuchtet nicht ein, dass diese Energie existiert, doch noch weniger plausibel ist, dass sie nicht ausreicht, das Universum unbewohnbar zu machen. Denn wenn die Energie des leeren Raums so groß wäre, wie sie nach den schon geschilderten vorläufigen Schätzungen hätte sein sollen, so wäre die Expansionsrate so groß gewesen, dass absolut alles, was wir derzeit im Universum sehen, schnell hinter den Horizont getrieben worden wäre.

Das Universum wäre kalt, dunkel und leer geworden – lange bevor Sterne, unsere Sonne und unsere Erde sich hätten bilden können.

Für die Annahme, dass das Universum flach ist, gibt es mehrere Gründe. Einer davon ist vielleicht am leichtesten nachzuvollziehen: Es war schon länger bekannt, dass das Universum tatsächlich annähernd flach ist. Selbst in der Frühzeit vor der Entdeckung der Dunklen Materie konnte die bekannte Menge des sichtbaren Materials in Galaxien und in ihrer Umgebung lediglich ungefähr 1 Prozent des gesamten Betrags der Materie erklären, der nötig war, damit ein flaches Universum herauskam.

Es mag so aussehen, als sei 1 Prozent nicht viel, aber unser Universum ist sehr alt – Milliarden Jahre alt. Unter der Annahme, dass die Gravitationseffekte von Materie oder Strahlung die sich entwickelnde Expansion dominieren – was wir Physiker schon immer als gegeben ansahen –, entfernt sich das Universum, sofern es nicht exakt flach ist, immer weiter von diesem flachen Zustand fort.

Falls es offen ist, läuft die Expansion in zunehmend schnellerem Tempo ab als bei einem flachen Universum. Die Materie würde im Vergleich zum anderen Fall immer weiter auseinandergetrieben, was ihre Gesamtdichte verringern würde und sehr schnell einen unendlich kleinen Bruchteil jener Dichte ergäbe, die erforderlich ist, damit ein flaches Universum herauskommt.

Falls es geschlossen ist, würde die Expansion rascher verlangsamt, was es letztlich dazu brächte, wieder zu kollabieren. Währenddessen nimmt die Dichte zunächst langsamer ab als in einem flachen Universum, um dann, wenn das Universum wieder in sich zusammenfällt, allmählich wieder zuzunehmen. Erneut wird die Abweichung von der für ein flaches Universum erwarteten Dichte mit der Zeit größer.

Seit das Universum eine Sekunde alt war, hat seine Größe um einen Faktor von fast einer Billion zugenommen. Wäre zu diesem früheren Zeitpunkt die Dichte des Universums nicht fast genauso groß gewesen wie die eines flachen Universums, sondern hätte, sagen wir, nur 10 Prozent des für ein flaches Universum zu dieser Zeit angemessenen Wertes betragen, dann würde die Dichte des Universums heute um einen Faktor von mindestens einer Billion von der eines flachen Universums abweichen. Dieser Betrag ist weit größer als der Faktor von lediglich 100, von dem bekannt war, dass er die Dichte sichtbarer Materie im Universum von jener Dichte trennt, die heute ein flaches Universum hervorbrächte.

Dieses Problem war sogar in den 1970er Jahren durchaus bekannt – es wurde als Problem des ebenen Raums oder Flachheitsproblem bekannt. Die Geometrie des Universums lässt sich ähnlich betrachten wie ein Bleistift, der auf einem Tisch senkrecht auf der Spitze steht. Das kleinste Ungleichgewicht in beliebiger Richtung wird ihn rasch umfallen lassen. So verhält es sich auch beim flachen Universum. Die geringste Abweichung von der flachen Geometrie nimmt schnell zu. Wie also könnte das Universum heute beinahe flach sein, wenn es nicht *genau* flach wäre?

Die Antwort ist einfach: Es muss heute im Wesentlichen flach sein!

Doch ganz so einfach ist die Antwort dann doch nicht, weil sie die Frage nach sich zieht, wie die Ausgangsbedingungen zusammengewirkt haben, um ein flaches Universum hervorzubringen.

Auf diese zweite, schwierigere Frage gibt es zwei Antworten. Die erste geht auf das Jahr 1981 zurück, als der junge theoretische Physiker Alan Guth, damals Postdoktorand und Forscher an der Stanford University, über das Flachheitsproblem nachdachte und dabei auch zwei weitere Probleme einbezog, die mit der Standardvorstellung eines aus dem Urknall entstandenen Universums zu tun haben: das sogenannte Horizontproblem und das Monopolproblem. Hier muss uns nur das erste interessieren, da das Monopolproblem das Flachheits- und das Horizontproblem lediglich zuspitzt.

Das Horizontproblem hat mit der Tatsache zu tun, dass die Kosmische Mikrowellen-Hintergrundstrahlung extrem gleichförmig ist. Die schon genannten Temperaturabweichungen stehen für Dichtevariationen in Materie und Strahlung aus einer Zeit, in der das Universum erst einige 100 000 Jahre alt war – bezogen auf die ansonsten gleichförmige Dichte und Temperatur des Hintergrunds machen sie weniger als ein Zehntausendstel aus. Während ich also auf die kleinen Abweichungen eingestellt war, stellte sich eine tiefer gehende, dringendere Frage: Wie kommt es, dass das Universum überhaupt so gleichförmig geworden ist?

Denn wenn ich statt des schon gezeigten Bildes der Hintergrundstrahlung, in dem Temperaturunterschiede von etwas mehr als eins zu 100 000 in verschiedenen Schattierungen dargestellt sind, eine Temperaturkarte des Mikrowellen-Himmels mit linearer Skala nähme, auf der Farbabstufungen Temperaturabweichungen von, sagen wir, ± 0,03 Kelvin über der der mittleren Temperatur des Hintergrunds von ca. 2,72 Kelvin anzeigen würden (was einem Verhältnis von eins zu 100 über dem Mittelwert entspricht), sähe die Karte so aus:

Vergleichen wir dieses Bild, das keinerlei erkennbare Struktur enthält, mit einer ähnlichen Projektion der Erdoberfläche, deren Schattierungsvarianten Abweichungen vom mittleren Radius von etwa eins zu 500 wiedergeben (die Auflösung ist also nur geringfügig größer):

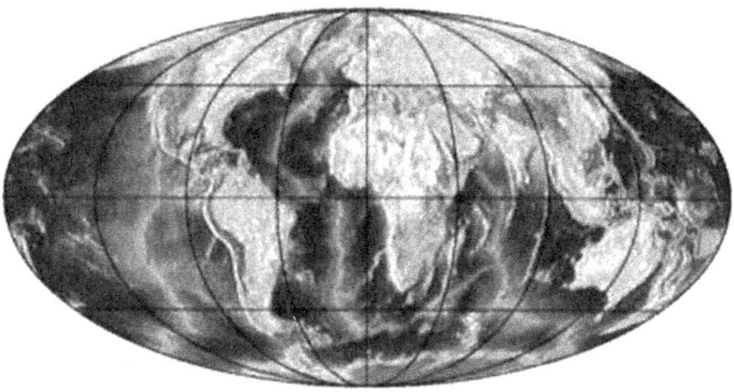

Demnach ist das Universum in großen Maßstäben unglaublich *gleichförmig*!

Wie ist das möglich? Nun, man könnte einfach annehmen, dass das Universum in einem frühen Stadium heiß, dicht und im thermischen Gleichgewicht war. Das heißt, alle heißen Zonen hätten sich abgekühlt, und die kalten Zonen hätten sich erwärmt, bis die Ursuppe überall die gleiche Temperatur angenommen hätte.

Als aber das Universum wenige 100 000 Jahre alt war, konnte das Licht auch nur wenige 100 000 Lichtjahre zurückgelegt haben, und das gibt nur einen kleinen Prozentsatz dessen wieder, was heute das gesamte beobachtbare Universum ausmacht.* Nun kann Einstein zufolge keine Information schneller unterwegs sein als das Licht. Folglich gibt es im Standardmodell des Urknalls einfach keine Möglichkeit, dass ein Teil dessen, was heute das beobachtbare Universum ausmacht, damals durch die Existenz und Temperatur anderer Bereiche beeinflusst worden sein kann, deren Winkelmaß größer war als etwa ein Grad. Also konnte das Gas in diesen Größenordnungen keinesfalls rechtzeitig eine Temperaturangleichung erreicht haben, aus der eine so umfassend gleichförmige Temperatur hervorging!

Als Teilchenphysiker dachte Guth über Prozesse nach, die sich im frühen Universum ereignet haben konnten und vielleicht für ein Verständnis dieses Problems relevant waren, als ihm eine absolut brillante Einsicht kam. Falls das Universum, als es sich abkühlte, einer Art von Phasenübergang unterworfen war – das geschicht beispielsweise, wenn Wasser zu Eis gefriert oder ein Eisenstab beim Abkühlen magnetisch wird –, dann konnte nicht nur das Horizontproblem gelöst werden, sondern auch das Flachheitsproblem (und damit auch das Monopolproblem).

Wer gern so richtig kaltes Bier trinkt, hat es vielleicht schon

* Diese frühere Entfernung würde auf einer Karte der letzten streuenden Oberfläche der kompletten Kosmischen Mikrowellen-Hintergrundstrahlung, wie wir sie heute beobachten, lediglich ein Grad abdecken.

einmal erlebt: Man nimmt eine kalte Flasche aus dem Eisfach, und wenn man sie öffnet und den Druck entweichen lässt, friert das Bier plötzlich ein – dabei kann sogar die Flasche zu Bruch gehen. Das liegt daran, dass bei hohem Druck der bevorzugte niedrigste Energiezustand des Bieres in flüssiger Form gegeben ist; sobald aber der Druck entwichen ist, wird der feste Zustand zum bevorzugten niedrigsten Energiezustand des Bieres. Während des Phasenübergangs kann Energie frei werden, weil der niedrigste Energiezustand in der einen Phase weniger Energie enthalten kann als der niedrigste Energiezustand in der anderen Phase. Wird diese Energie freigesetzt, spricht man von »latenter Wärme«.

Als das Universum sich mit der Expansion des Urknalls ausdehnte und dabei abkühlte, war die Konfiguration von Materie und Strahlung, wie Guth erkannte, möglicherweise für einige Zeit in einem metastabilen Zustand »hängen geblieben«, ehe sie schließlich mit der weiteren Abkühlung des Universums plötzlich einen Phasenübergang zum energetisch bevorzugten Grundzustand von Materie und Strahlung durchlief. Die vor dem vollständigen Phasenübergang in der Konfiguration des »falschen Vakuums« im Universum gespeicherte Energie – seine »latente Wärme«, wenn man so will – konnte die Expansion des Universums in der Zeit vor dem Übergang dramatisch beeinflussen.

Die Energie des falschen Vakuums würde sich genau wie eine kosmologische Konstante verhalten, weil sie wie eine den leeren Raum durchdringende Energie wirkt. Das führt dazu, dass die Expansion des Universums zu dieser Zeit immer stärker beschleunigt wird. Schließlich beginnt das, was zu unserem beobachtbaren Universum werden wird, sich schneller auszudehnen als das Licht. Die Allgemeine Relativität lässt das zu, obwohl es gegen Einsteins Spezielle Relativität zu verstoßen scheint, wonach nichts schneller als mit Lichtgeschwindigkeit unterwegs sein kann. Doch hier muss man wie ein Rechtsanwalt vorgehen und alles ein wenig genauer auseinanderlegen. Der Speziellen Relativität zufolge kann nichts schneller als mit Lichtgeschwindigkeit *durch den Raum* reisen. Der *Raum selbst* kann dagegen machen, was immer er will, zumindest in der Allgemeinen Relativität. Und während der Raum sich ausdehnt, kann er ferne Objekte, die sich in dem sie umgebenden Raum in Ruhe befinden, mit überlichtschneller Geschwindigkeit voneinander entfernen.

Wie sich zeigt, kann das Universum sich in dieser inflationären Periode um einen Faktor von mehr als 10^{28} ausdehnen. Auch wenn das ein unglaublicher Betrag ist, könnte es sich erstaunlicherweise während der Inflation des sehr frühen Universums im Bruchteil einer Sekunde ereignet haben. In diesem Fall wäre einst alles innerhalb unseres gesamten beobachtbaren Universums vor dem Einsetzen der Inflation in einer viel kleineren Region enthalten gewesen, als wir im Rückblick gesehen hätten, wenn keine Inflation stattgefunden hätte. Entscheidend ist, diese wäre so klein gewesen, dass die Zeit für einen Temperaturausgleich über die gesamte Region hinweg ausgereicht hätte, womit sie überall genau die gleiche Temperatur angenommen hätte.

Mit der Inflation ließ sich noch eine weitere, relativ allgemeine Vorhersage treffen. Pumpt man einen Ballon immer größer auf, wird die Krümmung seiner Oberfläche zunehmend kleiner. Ähnliches geschieht auch bei einem Universum, das sich exponentiell ausdehnt, was während der – von einer konstanten und großen Energie des falschen Vakuums angetriebenen – Inflation geschehen kann. Wenn die Inflation aufhört (was das Horizontproblem löst), wird die Krümmung des Universums (falls sie am Anfang ungleich null ist) tatsächlich auf einen so absurd kleinen Wert getrieben, dass das Universum selbst heute letztlich flach erscheint, wenn man es genau misst.

Inflation ist die einzige derzeit brauchbare Erklärung für die Homogenität wie auch für die Flachheit des Universums. Sie beruht auf möglichen fundamentalen und berechenbaren mikroskopischen Theorien der Teilchen und ihrer Wechselwirkungen. Doch darüber hinaus wird durch die Inflation eine weitere, vielleicht noch bemerkenswertere Voraussage möglich. Wie schon angesprochen, implizieren die Gesetze der Quantenmechanik auf sehr kleinen Skalen für sehr kurze Zeitabschnitte, dass der leere Raum als ein siedendes, blubberndes Gebräu virtueller Teilchen und Felder erscheinen kann, dessen Größe heftig fluktuiert. Diese »Quantenfluktuationen« sind möglicherweise wichtig, wenn die Natur von Protonen und Atomen bestimmt werden soll, aber auf größeren Skalen sind sie gewöhnlich unsichtbar. Das ist einer der Gründe, weshalb sie uns so unnatürlich vorkommen.

Während der Inflation können diese Quantenfluktuationen jedoch festlegen, wann ansonsten unterschiedliche kleine Raumregionen ihre Periode der exponentiellen Expansion beenden. Wenn verschiedene Regionen zu (mikroskopisch) geringfügig unterschiedlichen Zeitpunkten aufhören, sich inflationär auszudehnen, ergibt sich in jeder dieser verschiedenen Zonen eine geringfügig andere Dichte von Materie und Strahlung, sobald die Energie des falschen Vakuums als Wärmeenergie freigesetzt wird.

Es zeigt sich, dass das Muster der nach der Inflation erscheinenden Dichtefluktuationen – die, wie ich betonen sollte, aus den Quantenfluktuationen im ansonsten leeren Raum hervorgehen – auf großen Skalen genau mit dem beobachteten Muster kalter und heißer Zonen in der Kosmischen Mikrowellen-Hintergrundstrahlung übereinstimmt. Zwar ist Übereinstimmung selbstverständlich kein Beweis, doch unter Kosmologen wächst die Ansicht, dass etwas, das watschelt wie eine Ente, aussieht wie eine Ente und quakt wie eine Ente, wahrscheinlich auch eine Ente ist. Und wenn die Inflation tatsächlich verantwortlich ist für all die kleinen Fluktuationen in der Dichte von Materie und Strahlung, aus denen später der gravitative Kollaps der Materie zu Galaxien und Sternen und Planeten und Menschen hervorgeht, dann darf man mit Recht sagen, dass wir heute alle aufgrund von Quantenfluktuationen in einem Medium existieren, das seinem Wesen nach *Nichts* ist.

Das ist so bemerkenswert, dass ich es noch einmal hervorheben möchte. Quantenfluktuationen, die ansonsten völlig unsichtbar geblieben wären, frieren aufgrund der Inflation ein und tauchen danach als Dichtefluktuationen auf, die alles hervorbringen, was wir sehen können! Wenn wir alle Sternenstaub sind, wie ich geschrieben habe, so trifft es auch zu, dass wir alle buchstäblich aus einem Quanten-Nichts hervorgegangen sind.

Das widerspricht der Intuition so sehr, dass es einem fast wie Zauberei vorkommen mag. Doch unter all diesen geschickten Spielereien mit der Inflation gibt es zumindest eine, die als besonders beunruhigend erscheinen könnte. Wo kommt all diese Energie überhaupt her? Wie kann eine mikroskopisch kleine Region heute in einer Region vom Format eines Universums aufgehen, die so viel Materie und Strahlung enthält, dass damit alles für uns Sichtbare zu erklären ist?

Allgemeiner lautet die Frage: Wie kann die Energiedichte in einem expandierenden Universum mit einer kosmologischen Konstante oder der Energie eines falschen Vakuums konstant bleiben? In einem solchen Universum dehnt sich der Raum schließlich exponentiell aus – wenn also die Energiedichte gleich bleibt, nimmt die Gesamtenergie in jeder Region mit dem Volumen dieser Region zu. Was passiert dabei mit der Energieerhaltung?

Das ist ein Beispiel für etwas, für das Guth die Bezeichnung ultimative »Gratismahlzeit« geprägt hat. Bezieht man beim Nachdenken über das Universum die Effekte der Gravitation ein, ist es – erstaunlicherweise – zulässig, sowohl »negative« als auch »positive« Energie anzunehmen. Diese Facette der Gravitation erlaubt es, den Stoff mit positiver Energie (wie Materie und Strahlung) durch Konfigurationen negativer Energie zu ergänzen, die jene des entstandenen Stoffs mit positiver Energie genau aufwiegen. Somit kann die Gravitation mit einem leeren Universum beginnen – um schließlich in einem vollen Universum aufzugehen.

Auch das hört sich wohl irgendwie verdächtig an – in Wahrheit ist es jedoch ein zentraler Bestandteil der echten Faszination, die ein flaches Universum auf viele von uns ausübt. Außerdem dürften viele damit vertraut sein – aus der Oberschulphysik.

Stellen wir uns vor, wir würden einen Ball in die Luft werfen. In der Regel kommt er wieder herunter. Im nächsten Anlauf werfen wir ihn kräftiger (unter der Annahme, dass wir uns nicht im Haus befinden). Der Ball wird höher hinauffliegen und vor der Rückkehr länger in der Luft bleiben.

Werfen wir ihn schließlich hinreichend kräftig in die Höhe, wird er überhaupt nicht mehr zurückfallen. Er wird dem Schwerefeld der Erde entkommen und weiter in den Kosmos hinausfliegen.

Wie können wir herausfinden, wann der Ball entkommt? Wir verwenden eine simple Art der Energiebilanz. Ein Objekt, das sich im Schwerefeld der Erde bewegt, besitzt zwei Arten von Energie. Die eine heißt nach dem griechischen Wort für Bewegung *kinetische Energie*. Sie hängt von der Geschwindigkeit des Objekts ab und ist immer positiv. Die andere Komponente namens *potenzielle Energie* (das hat mit ihrem Potenzial zu tun, Arbeit zu verrichten) ist gewöhnlich negativ.

Negativ ist sie, weil wir die gesamte schwerkraftbedingte Energie eines unendlich weit von jedem anderen Objekt entfernten, in Ruhe befindlichen Objekts als null definieren. Das erscheint vernünftig. Die kinetische Energie ist eindeutig gleich null, und die potenzielle Energie an diesem Punkt legen wir als null fest – die schwerkraftbedingte Gesamtenergie beträgt null.

Falls das Objekt sich nun nicht unendlich weit von allen anderen Objekten entfernt, sondern sich in der Nähe eines Objekts wie etwa der Erde befindet, beginnt es darauf zu zu fallen, weil es durch die Schwerkraft angezogen wird. Im Fallen wird es schneller, und wenn es unterwegs mit etwas zusammenstößt, sagen wir mit einem Kopf, kann es Arbeit verrichten und ihn vielleicht spalten. Je näher es sich anfangs an der Erdoberfläche befand, desto weniger Arbeit kann es beim Aufprall auf die Erdoberfläche verrichten. Demnach *vermindert* sich die potenzielle Energie, wenn man sich der Erde nähert. Wenn aber die potenzielle Energie bei einem unendlich weit von der Erde entfernten Objekt gleich null ist, muss sie bei der Annäherung an die Erde immer negativer werden, weil ihr Potenzial, Arbeit zu verrichten, dabei kleiner wird.

In der hier definierten klassischen Mechanik ist die potenzielle Energie beliebig festzulegen. Ich hätte die potenzielle Energie eines Objekts an der Erdoberfläche als null bestimmen können – in unendlicher Entfernung ergäbe das dann irgendeinen großen Betrag. Physikalisch ergibt es einen Sinn, die Gesamtenergie in unendlicher Entfernung auf null zu setzen, doch zumindest an dieser Stelle unserer Erörterung ist das bloß eine Übereinkunft.

Doch wo immer man den Nullpunkt potenzieller Energie auch festlegen mag – Objekte, die allein der Kraft der Gravitation unterliegen, haben den wunderbaren Vorzug, dass die *Summe* ihrer potenziellen und kinetischen Energie konstant bleibt. Bei fallenden Objekten wird die potenzielle Energie in die kinetische Energie der Bewegung umgewandelt; prallen sie vom Boden zurück, wird die kinetische wieder zur potenziellen Energie und so weiter.

Damit erhalten wir ein hervorragendes Instrument, mit dem wir bestimmen können, wie schnell wir etwas in die Höhe werfen müssen, damit es der Erde entkommt. Denn wenn es am Ende in unendliche Entfernung von der Erde gelangen soll, muss seine Gesamtenergie größer als oder gleich null sein. Dann muss ich nur noch dafür sorgen, dass die schwerkraftbedingte Gesamtenergie des Objekts, wenn es meine Hand verlässt, größer als oder gleich null ist. Da ich lediglich einen Aspekt der Gesamtenergie kontrollieren kann – nämlich die Geschwindigkeit, mit der der Gegenstand meine Hand verlässt –, muss ich nur noch die magische Geschwindigkeit herausfinden, bei der die positive kinetische Energie des Balls gleich der negativen Energie ist, die er aufgrund der Anziehungskraft an der Erdoberfläche besitzt. Sowohl die kinetische als auch die potenzielle Energie des Balls hängen exakt auf die gleiche Weise von der Masse des Balls ab. Diese wird bei Gleichsetzung der beiden Größen eliminiert, weshalb man für alle Objekte eine einheitliche »Fluchtgeschwindigkeit« von der Erdoberfläche erhält. Diese beträgt ungefähr 11,2 km/s – hier liegt die schwerkraftbedingte Gesamtenergie des Objekts genau bei null.

Nun stellt sich vielleicht die Frage, was all das mit dem Universum allgemein und speziell mit der Inflation zu tun hat. Nun, genau die Berechnung, die ich gerade für einen an der Erdoberfläche hochgeworfenen Ball angestellt habe, lässt sich auf jedes Objekt in unserem expandierenden Universum anwenden.

Stellen wir uns eine kugelförmige Region unseres Universums vor, die sich rund um unseren Aufenthaltsort (in der Milchstraße) erstreckt und so groß ist, dass sie eine Menge Galaxien einschließt, aber klein genug, dass sie noch innerhalb der größten Entfernungen liegt, die wir heute beobachten können.

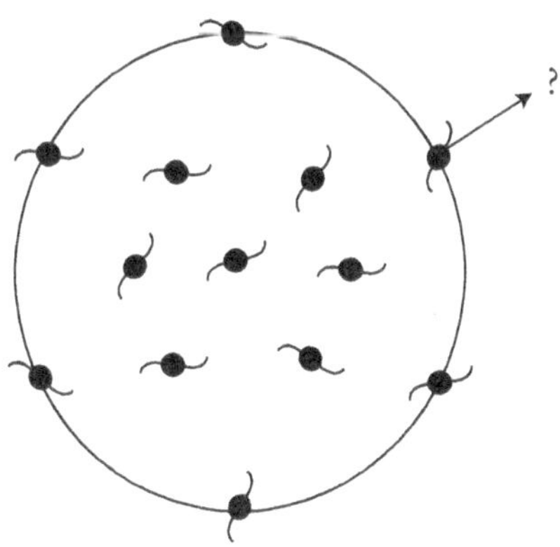

Ist diese Region hinreichend, aber nicht zu groß, dann werden sich die Galaxien an ihrem Rand wegen der Hubble-Expansion gleichförmig von uns entfernen. Ihre Geschwindigkeiten werden jedoch weit unterhalb der Lichtgeschwindigkeit liegen. In diesen Fällen gelten die Gesetze Newtons, und wir können die Wirkungen der Speziellen wie der Allgemeinen Relativität außer Acht lassen. Anders gesagt, jedes Objekt wird von genau der Physik beherrscht, die auch die Bälle und Raketen beschreibt, deren Abflug von der Erde ich mir gerade vorgestellt habe.

Nehmen wir nun die oben dargestellte Galaxie, die sich vom Zentrum der Anordnung entfernt. Nun können wir uns wie beim Ball auf der Erde fragen, ob die Galaxie imstande sein wird, der Anziehung all der anderen Galaxien innerhalb der Kugel zu entkommen. Und die Kalkulation, mit der wir die Antwort erhalten, entspricht exakt der Berechnung für den Ball. Wir rechnen einfach die gesamte Gravitationsenergie der Galaxie aus* und dazu die schwerkraftbedingte Anziehung ihrer Nachbarn (daraus ergibt sich ein negativer Energieanteil). Falls die Gesamtenergie größer ist als null, wird die Galaxie ins Unendliche entschweben, ist sie kleiner als null, wird sie zum Stillstand kommen und schließlich wieder einwärts fallen.

Wie nun gezeigt werden kann, sind wir bemerkenswerterweise imstande, die einfache Gleichung Newtons für die gesamte Gravitationsenergie so umzuschreiben, dass sie Einsteins Gleichung der Allgemeinen Relativität für ein expandierendes Universum *genau* wiedergibt. Und der Term, der der gesam-

* Sie beruht auf ihrer Bewegung nach außen, was ihr positive Energie vermittelt.

ten Gravitationsenergie der Galaxie entspricht, wird in der Allgemeinen Relativität zu dem Term, der die Krümmung des Universums beschreibt.

Und was finden wir dann? In einem flachen Universum – und *nur* dort – beträgt die Newton'sche Gravitationsenergie für jedes mit der Expansion bewegte Objekt im Durchschnitt insgesamt *genau null*!

Das ist es, was ein flaches Universum so besonders erscheinen lässt. In einem solchen Universum wird die positive Bewegungsenergie durch die negative Energie der Schwerkraftanziehung exakt aufgehoben.

Wenn wir die Angelegenheit nun komplizierter machen, indem wir zulassen, dass der leere Raum Energie besitzt, gilt die Newton'sche Analogie zum hochgeworfenen Ball nicht mehr, doch die Schlussfolgerung bleibt im Wesentlichen gleich. In einem flachen Universum, selbst wenn es eine kleine kosmologische Konstante besitzt, beträgt die mit jedem Objekt verbundene Newton'sche Gravitationsenergie null, sofern der Maßstab so klein ist, dass die Geschwindigkeiten weit unterhalb der Lichtgeschwindigkeit liegen.

Mit einer Energie des Vakuums wird Guths »Gratismahlzeit« sogar noch dramatischer. Da jede Region des Universums sich immer mehr vergrößert, wird ihre Geometrie zunehmend flach, weshalb die gesamte Newton'sche Gravitationsenergie von allem, was entsteht, nachdem die Vakuumenergie während der Inflation zu Materie und Strahlung umgewandelt worden ist, genau den Betrag null annimmt.

Doch man kann nach wie vor fragen, wo all die Energie herkommt, damit die Energiedichte während der Inflation konstant gehalten wird, in der das Universum exponentiell expandiert. Hier greift ein weiterer bemerkenswerter Aspekt der Allgemeinen Relativität: Nicht nur die Gravitationsenergie von Objekten kann negativ sein, auch ihr relativistischer »Druck« kann negativ sein.

Negativer Druck ist noch schwerer bildlich vorstellbar als negative Energie. Gas, etwa in einem Ballon, übt Druck auf die Ballonhülle aus. Sofern die Ballonhülle dadurch gedehnt wird, verrichtet das Gas Arbeit, worauf das Gas Energie verliert und sich abkühlt. Wie sich aber zeigt, wirkt die Energie des leeren Raums genau deswegen mit einer abstoßenden Gravitationskraft, weil der leere Raum auf diese Weise einen »negativen« Druck erhält. Dieser negative Druck führt dazu, dass das Universum letztlich Arbeit *am* leeren Raum verrichtet, während es sich ausdehnt. Diese Arbeit geht in die Aufrechterhaltung der konstanten Energiedichte des Raums ein, die trotz der Expansion bestehen bleibt.

Wenn die Quanteneigenschaften von Materie und Strahlung letztlich auch nur eine unendlich winzige Region des leeren Raums zu einem sehr frühen Zeitpunkt mit Energie ausstatten, kann diese Region demnach beliebig an Größe zunehmen und beliebig flach werden. Ist die Inflationsphase vorüber, kann schließlich ein Universum voller Substanz (Materie und Strahlung) vorhanden sein, und die gesamte Newton'sche Gravitationsenergie dieser Substanz wird so nahe bei null liegen, wie man sich das überhaupt nur vorstellen kann.

Wenn sich also der ganze Staub verzogen hat und wir nach einem Jahrhundert voller Versuche die Krümmung des Universums gemessen und dafür den Wert null festgestellt haben, wird verständlich, warum so viele Theoretiker wie ich das nicht nur sehr zufriedenstellend, sondern auch höchst anregend finden.

Ein Universum aus Nichts … in der Tat.

7. Kapitel

Unsere beklagenswerte Zukunft

Die Zukunft ist auch nicht mehr das,
was sie einmal war.

Yogi Berra

In gewissem Sinn ist es sowohl bemerkenswert als auch spannend, dass wir uns in einem vom Nichts dominierten Universum befinden. Die sichtbaren Strukturen wie Sterne und Galaxien wurden alle durch Quantenfluktuation aus Nichts hervorgebracht. Und die Gesamt-Gravitationsenergie jedes einzelnen Objekts in unserem Universum ist gleich nichts. Wer dazu neigt, sollte die Vorstellung genießen, solange er kann. Denn wenn all das zutrifft, leben wir vielleicht im schlechtesten aller bewohnbaren Universen, zumindest soweit es die Zukunft des Lebens angeht.

Bekanntlich liegt es kaum ein Jahrhundert zurück, dass Einstein seine Allgemeine Theorie der Relativität entwickelte. Damals galt es als gesichertes Wissen, dass unser Universum statisch und ewig sei. Tatsächlich spottete Einstein nicht nur über Lemaître, der die Möglichkeit eines Big Bang vorgeschlagen hatte, sondern erfand auch die kosmologische Konstante zu dem Zweck, ein statisches Universum möglich zu machen.

Ein Jahrhundert später können wir Wissenschaftler uns nun etwas darauf einbilden, dass wir die zugrunde liegende

Expansion des Universums entdeckt haben und dazu die Kosmische Mikrowellen-Hintergrundstrahlung, die Dunkle Materie und die Dunkle Energie.

Was aber wird die Zukunft bringen?

Eine Art von … Poesie.

Dass die Expansion des Universums von der Energie des scheinbar leeren Raums beherrscht wird, war bekanntlich eine Folgerung aus der Tatsache, dass diese Expansion sich beschleunigt. Und so wie bei der im letzten Kapitel dargestellten Inflation befindet sich das heute beobachtbare Universum an einer Schwelle, von der an es schneller als mit Lichtgeschwindigkeit expandieren wird. Und wegen der beschleunigten Expansion wird alles nur noch schlimmer werden.

Das heißt, je länger wir warten, desto weniger werden wir sehen können. Galaxien, die heute für uns sichtbar sind, werden sich eines Tages in der Zukunft schneller als das Licht von uns entfernen und damit unsichtbar werden. Das von ihnen ausgehende Licht wird gegen die Expansion des Raums nicht mehr ankommen und uns niemals mehr erreichen. Sie werden hinter unserem Horizont verschwunden sein.

Das läuft ein wenig anders ab, als man sich das vielleicht vorstellt. Die Galaxien verschwinden nicht auf einen Schlag oder verblassen funkelnd am Nachthimmel. Wenn ihre Fluchtgeschwindigkeit sich der Lichtgeschwindigkeit nähert, wird das von diesen Objekten stammende Licht vielmehr immer stärker nach Rot verschoben. Schließlich geht ihr gesamtes sichtbares Licht zunächst in den Infrarotbereich über, dann in den Bereich der Mikrowellen, der Radiowellen und so weiter. Am Ende wird die Wellenlänge des von ihnen emittierten Lichts größer als die Ausdehnung des sichtbaren Universums – dann sind sie offiziell unsichtbar geworden.

Wir können ausrechnen, wie lange das ungefähr dauern wird. Da die Galaxien in unserer lokalen Gruppe alle durch ihre wechselseitige gravitative Anziehung miteinander verbunden sind, werden sie nicht mit der von Hubble entdeckten Hintergrundexpansion zurückweichen. Galaxien, die unmittelbar außerhalb unserer Gruppe liegen, haben etwa 1/5000 der Entfernung erreicht, von der an die Fluchtgeschwindigkeit der Objekte sich der Lichtgeschwindigkeit nähert. Um dorthin zu gelangen, werden sie etwa 150 Milliarden Jahre brauchen – das entspricht ungefähr dem Zehnfachen des aktuellen Alters des Universums. Dann wird alles Licht der Sterne innerhalb der Galaxien um einen Faktor von etwa 5000 nach Rot verschoben sein. In ungefähr zwei Billionen Jahren wird die Rotverschiebung ihres Lichts einen Betrag ausmachen, der ihre Wellenlänge dem Ausmaß des sichtbaren Universums angleicht – der Rest des Universums wird dann buchstäblich verschwunden sein.

Zwei Billionen Jahre mögen einem als eine lange Zeit erscheinen, und das ist es ja auch. In kosmischer Hinsicht liegt das aber bei Weitem nicht in der Nähe einer Ewigkeit. Die langlebigsten Sterne der »Hauptsequenz« (ihre Entwicklungsgeschichte gleicht der unserer Sonne) haben eine weit größere Lebenserwartung als die Sonne und werden in zwei Billionen Jahren immer noch leuchten, auch wenn unsere Sonne in nur etwa fünf Milliarden Jahren sterben wird. In ferner Zukunft gibt es also vielleicht Zivilisationen auf Planeten in der Umgebung dieser Sterne, die ihre Energie von ihrer Sonne beziehen und über Wasser und organische Stoffe verfügen. Und auf diesen Planeten gibt es vielleicht Astronomen mit Teleskopen. Doch wenn sie in den Kosmos hinausblicken, wird letztlich alles, was wir jetzt sehen – alle

100 Milliarden Galaxien, die sich derzeit in unserem beobachtbaren Universum befinden – verschwunden sein!

Ich habe dieses Argument gegenüber dem US-Kongress verwendet, um auf die Finanzierung der kosmologischen Forschung zu drängen – jetzt, wo wir noch Zeit haben, alles zu beobachten, was wir können! Für einen Kongressabgeordneten sind aber schon zwei Jahre eine lange Zeit. Zwei Billionen? Vergessen Sie es!

Auf alle Fälle würde jene Astronomen in ferner Zukunft eine Riesenüberraschung erwarten, falls sie auch nur die geringste Ahnung hätten, was sie verpassen. Doch das wird ihnen nicht möglich sein. Denn wie mein Kollege Robert Scherrer von der Vanderbilt University und ich vor einigen Jahren angemerkt haben, würde nicht nur der Rest des Universums verschwunden sein, sondern letztlich würde es auch all die Belege nicht mehr geben, die uns derzeit mitteilen, dass wir in einem expandierenden Universum leben, das in einem Urknall begonnen hat. Zudem werden auch alle Beweise für die Existenz einer Dunklen Energie im leeren Raum nicht mehr vorhanden sein, die für dieses Verschwinden verantwortlich sind.

Vor weniger als einem Jahrhundert galt es noch als gängiges Wissen, dass das Universum statisch und ewig ist – mit Sternen und Planeten, die kommen und gehen, aber im größten Maßstab würde es doch dauerhaft und beständig bleiben. In ferner Zukunft jedoch, lange nachdem alle Überreste unseres Planeten samt seiner Zivilisation wahrscheinlich im Mülleimer der Geschichte gelandet sein werden, wird diese Illusion, die unsere Zivilisation bis 1930 aufrechterhielt, wieder mit aller Macht zurückkehren.

Es sind drei wesentliche, auf Beobachtung aufbauende

Pfeiler, die zur empirischen Bestätigung des Big Bang geführt haben. Selbst wenn Einstein und Lemaître nie gelebt hätten, wäre uns also trotzdem die Erkenntnis aufgezwungen worden, dass das Universum in einem heißen, dichten Urzustand begonnen hat. Es handelt sich um die beobachtete Hubble-Expansion, die Beobachtung der Kosmischen Mikrowellen-Hintergrundstrahlung und die beobachtete Übereinstimmung zwischen der im Universum gemessenen Häufigkeit der leichten Elemente Wasserstoff, Helium und Lithium mit den Mengen, die der Vorhersage nach während der ersten paar Minuten der Geschichte des Universums entstanden sein müssen.

Beginnen wir mit der Hubble-Expansion. Woher wissen wir, dass das Universum sich ausdehnt? Wir messen die Fluchtgeschwindigkeit ferner Objekte als Funktion ihrer Entfernung. Sind jedoch erst einmal alle sichtbaren Objekte außerhalb unserer lokalen Gruppe, in der wir durch Gravitation festgehalten sind, vom Horizont verschwunden, gibt es nichts mehr, womit Beobachter die Expansion verfolgen könnten – keine Sterne, Galaxien, Quasare oder auch nur riesige Gaswolken. Die Expansion wird so effizient sein, dass sie alle Objekte, die derzeit von uns fortfliegen, aus unserem Sichtbereich entfernt haben wird.

In einem Zeitrahmen von weniger als ungefähr einer Billion Jahren werden sich zudem alle Galaxien unserer lokalen Gruppe zu einer großen Meta-Galaxie vereint haben. Beobachter in der fernen Zukunft werden mehr oder weniger genau das sehen, was Beobachter 1915 zu sehen glaubten: eine einzige Galaxie, in der ihr Stern und ihr Planet zu Hause sind – umgeben von einem ansonsten leeren, ungeheuer weiten statischen Weltraum.

Außerdem sollten wir nicht vergessen, dass alle Beweise für

einen von Energie erfüllten leeren Raum aus der Beobachtung der Geschwindigkeitszunahme stammen, der unser expandierendes Universum unterliegt. Doch auch hier wird die Beschleunigung unseres expandierenden Universums ohne Indikatoren der Ausdehnung nicht zu beobachten sein. Es ist in der Tat eine seltsame Koinzidenz, dass wir wahrscheinlich im einzigen Zeitalter der Geschichte des Universums leben, in dem die Existenz der den leeren Raum durchdringenden Dunklen Energie nachzuweisen sein dürfte. Gewiss, eine solche Ära dauert einige 100 Milliarden Jahre, doch in einem ewig expandierenden Universum ist das nicht mehr als ein kosmisches Augenzwinkern.

Wenn wir davon ausgehen, dass die Energie des leeren Raums ungefähr konstant ist, wie das bei einer kosmologischen Konstante der Fall wäre, dann hätte die Energiedichte von Materie und Strahlung in sehr viel früheren Zeiten die Energiedichte im leeren Raum bei Weitem überstiegen. Und zwar einfach deswegen, weil im expandierenden Universum die Dichte von Materie und Strahlung mit der Expansion geringer wird – der Abstand zwischen Teilchen vergrößert sich, weshalb in einem gegebenen Volumen weniger Objekte vorhanden sind. In einer früheren Zeit – sagen wir, vor etwa fünf bis zehn Milliarden Jahren – wäre die Energiedichte von Materie und Strahlung weit größer gewesen als heute. Zu dieser Zeit und davor war das Universum demnach von Materie und Strahlung beherrscht, was mit der entsprechenden Anziehung durch Gravitation verbunden gewesen wäre. In diesem Fall hätte sich die Expansion des Universums in jener Frühzeit verlangsamt – die Wirkung der Gravitation auf die Energie des leeren Raums wäre nicht beobachtbar gewesen.

In ferner Zukunft, wenn das Universum mehrere 100 Milliarden Jahre alt ist, wird die Dichte von Materie und Strahlung aus dem gleichen Grund noch stärker abgenommen haben. Es lässt sich ausrechnen, dass die mittlere Energiedichte der Dunklen Energie dann weit mehr als eine Million Millionen Mal größer sein wird als die Dichte der gesamten im Universum verbliebenen Materie und Strahlung. Dann wird die Dunkle Energie die Gravitationsdynamik des Universums in großen Maßstäben dominieren. In diesem hohen Alter wird die sich beschleunigende Expansion jedoch absolut nicht mehr beobachtbar sein. In diesem Sinne stellt die Energie des leeren Raums aus sich selbst heraus sicher, dass sie nur während einer endlichen Zeitspanne beobachtet werden kann, und es ist bemerkenswert, dass wir in diesem kosmologischen Augenblick leben.

Wie steht es nun mit dem anderen Hauptpfeiler des Big Bang, dem Kosmischen Mikrowellen-Hintergrund (CMB), der ein unmittelbares Abbild des Universums kurz nach dessen Geburt liefert? Weil das Universum in der Zukunft immer schneller expandiert, wird die Temperatur des CMB zum einen weiter abnehmen. Sobald das derzeit beobachtbare Universum etwa 100-mal größer sein wird als jetzt, wird die Temperatur des CMB um den Faktor 100 gefallen sein, und ihre Intensität (also die darin gespeicherte Energie) wird um den Faktor 100 Millionen abgenommen haben, was es um den gleichen Faktor schwerer machen wird, sie nachzuweisen.

Doch letztlich sind wir imstande gewesen, die Kosmische Mikrowellen-Hintergrundstrahlung inmitten des ganzen übrigen elektronischen Rauschens auf der Erde aufzuspüren. Wir können uns also vorstellen, dass Beobachter in ferner Zukunft 100 Millionen Mal schlauer sein werden als die, mit denen wir heute gesegnet sind, weshalb noch nicht jede Hoffnung dahin ist. Leider zeigt sich, dass selbst der klügste denkbare Beobachter mit dem empfindlichsten vorstellbaren Instrument in der fernen Zukunft letztlich kein Glück haben wird. Denn in unserer Milchstraße* findet sich zwischen den Sternen heißes Gas. Dieses Gas ist ionisiert; es enthält freie Elektronen und verhält sich demnach wie ein Plasma. Ein solches Plasma ist, wie schon angesprochen, für viele Strahlungsarten undurchsichtig.

Es gibt die sogenannte Plasmafrequenz – unterhalb dieses Wertes kann Strahlung ein Plasma nicht ohne Absorption durchdringen. Anhand der aktuell beobachteten Dichte freier Elektronen in unserer Milchstraße können wir die Plasmafrequenz darin abschätzen. Diese Abschätzung ergibt, dass der größte Teil der Kosmischen Mikrowellen-Hintergrundstrahlung zu einem Zeitpunkt, in dem das Universum etwa 50-mal älter sein wird als heute, auf so lange Wellenlängen gedehnt und damit auf so niedrige Frequenzen reduziert sein wird, dass sie unterhalb der Plasmafrequenz unserer künftigen (Meta-)Galaxie liegt. Danach wird die Strahlung einfach nicht mehr in unsere (Meta-)Galaxie gelangen; sie wird nicht mehr zu beobachten sein, wie hartnäckig der Beobachter auch sein mag. Auch der CMBR wird verschwunden sein.

Also keine beobachtete Expansion mehr, kein verbliebenes Nachglühen des Big Bang. Aber was ist mit der Häufigkeit der leichten Elemente Wasserstoff, Helium und Lithium, die ebenfalls eine unmittelbare Signatur des Urknalls liefert?

Wie in Kapitel 1 geschildert, zeige ich tatsächlich jedem,

* Oder der Meta-Galaxie, die entstehen wird, wenn unsere Milchstraße sich mit ihren Nachbarn zusammenschließt, wobei Andromeda in etwa fünf Milliarden Jahren den Anfang macht.

der nicht an den Big Bang glaubt, gern die folgende Abbildung, die ich für solche Fälle in meiner Brieftasche mit mir herumtrage. Dann sage ich: »Schauen Sie! Den Big Bang hat es wirklich gegeben!«

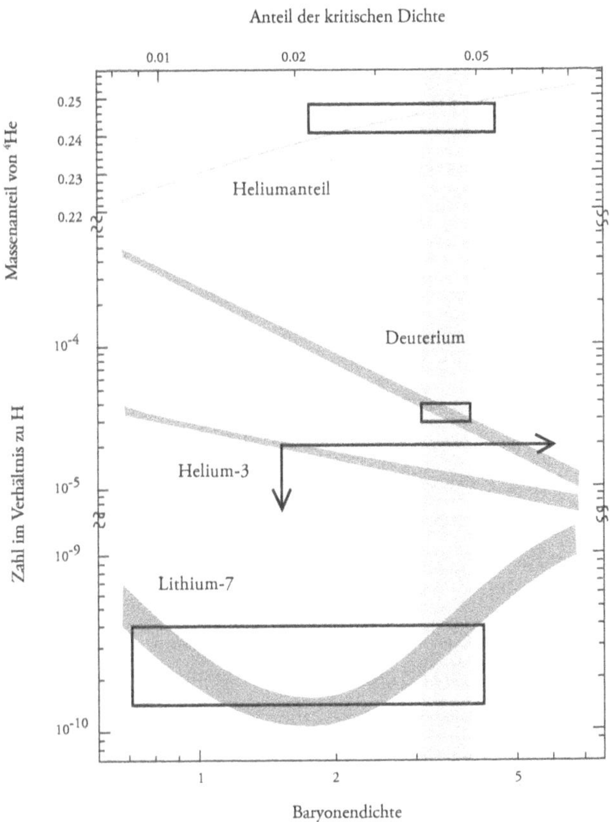

Ich weiß, die Abbildung sieht sehr kompliziert aus, zeigt aber nur die relative vorhergesagte Häufigkeit von Helium, Deuterium, Helium-3 und Lithium im Vergleich zu Wasserstoff und beruht auf unserem aktuellen Verständnis des Big Bang. Die obere Kurve (sie verläuft nach rechts oben) zeigt die vorhergesagte Häufigkeit von Helium (dem zweithäufigsten Element im Universum) im Vergleich zu Wasserstoff (dem häufigsten Element), bezogen auf das Gewicht. Die nächsten beiden nach rechts unten verlaufenden Kurven stehen für die vorhergesagten Häufigkeiten von Deuterium bzw. Helium-3 im Vergleich zu Wasserstoff, hier nicht auf das Gewicht bezogen, sondern auf die Zahl der Atome. Die untere Kurve schließlich gibt die vorhergesagte Häufigkeit des nächstleichtesten Elements Lithium wieder, auch hier bezogen auf die Zahl der Atome.

Die vorhergesagten Häufigkeiten sind als Funktion der angenommenen Dichte normaler Materie (aus Atomen) im heutigen Universum wiedergegeben. Würde durch Variation dieser Größe keine Kombination aller vorhergesagten Elementhäufigkeiten erzeugt, die auf unsere Beobachtungen passt, so wäre das ein starker Beleg dafür, dass sie nicht in einem heißen Big Bang entstanden sind. Anzumerken ist, dass die vorhergesagten Häufigkeiten dieser Elemente um fast zehn Größenordnungen variieren.

Die mit jeder Kurve assoziierten, nicht eingefärbten Rechtecke zeigen den zulässigen Spielraum der geschätzten ursprünglichen Häufigkeit dieser Elemente; sie beruhen auf Beobachtungen alter Sterne und heißem Gas innerhalb und außerhalb unserer Milchstraße.

Das senkrechte eingefärbte Rechteck repräsentiert dann jene Region, in der alle Vorhersagen und Beobachtungen tatsächlich übereinstimmen. Diese Übereinstimmung zwischen Vorhersagen und Beobachtungen ist ein kaum zu übertreffender Beleg für einen frühen heißen Urknall, in dem all die leichten Elemente entstanden sind – es handelt sich hier um

Elemente, deren vorhergesagte Häufigkeiten um zehn Größenordnungen voneinander abweichen.

Es lohnt sich, die Implikationen dieser bemerkenswerten Übereinstimmung nachdrücklich zu wiederholen: Nukleare Reaktionen, die genau die Häufigkeit der leichten Elemente Wasserstoff und Deuterium, Helium und Lithium erzeugen, die gemäß unseren Folgerungen die Grundbausteine der unseren Nachthimmel füllenden Sterne bilden, konnten nur in den ersten Sekunden eines Big Bang ablaufen; dazu war eine anfängliche Häufigkeit von Protonen und Neutronen erforderlich, aus der annähernd die beobachtete Materiedichte in heute sichtbaren Galaxien hervorgehen konnte, sowie eine Strahlungsdichte, deren Reste genau der beobachteten Stärke der heutigen Kosmischen Mikrowellen-Hintergrundstrahlung entsprechen.

Einstein hätte vielleicht gesagt, nur ein sehr boshafter (und deshalb für ihn unvorstellbarer) Gott hätte sich verschworen, ein Universum zu schaffen, in dem alles so eindeutig auf den Ursprung in einem Big Bang hinweist, ohne dass dieser stattgefunden hätte.

In den 1960er Jahren konnte erstmals gezeigt werden, dass zwischen der aus Messungen erschlossenen Heliumhäufigkeit im Universum und der vorhergesagten Häufigkeit des aus einem Big Bang hervorgehenden Heliums eine grobe Übereinstimmung besteht. Das war tatsächlich einer der ersten entscheidenden Datensätze, die dazu beitrugen, dass das Bild des Urknalls die Oberhand gewann über das damals sehr populäre Modell eines statischen Universums, das von Fred Hoyle und seinen Kollegen favorisiert wurde.

In ferner Zukunft jedoch wird alles ganz anders sein. Sterne beispielsweise verbrennen Wasserstoff und produzieren dabei

Helium. Derzeit könnten nur etwa 15 Prozent des gesamten im Universum beobachteten Heliums im Zeitraum seit dem Urknall von Sternen erzeugt worden sein – ein weiteres überzeugendes Beweisstück, dass ein Big Bang erforderlich war, um das hervorzubringen, was wir heute sehen. In der fernen Zukunft wird das jedoch nicht mehr so sein, weil dann viele Generationen von Sternen gelebt haben und gestorben sein werden.

Ist das Universum beispielsweise eine Billion Jahre alt, wird in Sternen sehr viel mehr Helium produziert worden sein als im Big Bang. Diese Situation ist in der folgenden Tabelle dargestellt:

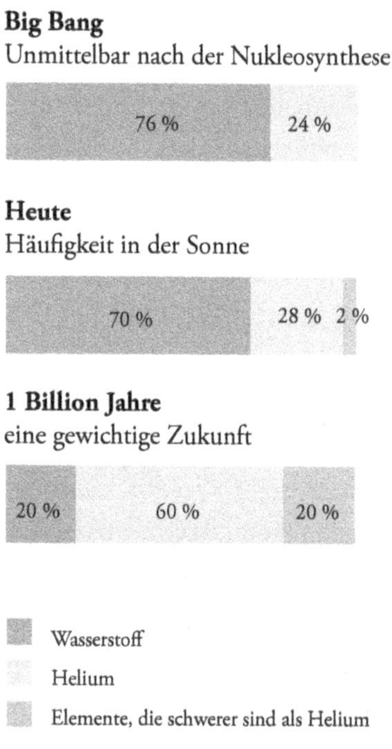

Wenn 60 Prozent der sichtbaren Materie des Universums aus Helium bestehen, muss kein ursprüngliches Helium in einem heißen Big Bang entstanden sein, damit eine Übereinstimmung mit Beobachtungen herauskommt.

Dennoch werden Beobachter und Theoretiker in irgendeiner Zivilisation der fernen Zukunft aus diesen Daten ableiten können, dass das Universum bis dahin ein finites Alter gehabt haben muss. Weil Sterne Wasserstoff zu Helium verbrennen, gibt es eine Obergrenze für die Zeit, die Sterne existiert haben können, damit das Verhältnis von Wasserstoff und Helium nicht noch weiter verringert wird. Künftige Wissenschaftler werden also schätzen, dass das Universum, in dem sie leben, weniger als eine Billion Jahre alt ist. Doch es wird jeder direkte Hinweis darauf fehlen, dass sein Anfang einen Big Bang einschloss und nicht etwa eine andere Art spontaner Entstehung unserer künftigen einzigen (Meta-)Galaxie.

Erinnern wir uns, dass Lemaître seine Behauptung eines Big Bang allein daraus abgeleitet hatte, dass er über Einsteins Allgemeine Relativität nachdachte. Wir dürfen davon ausgehen, dass jede fortgeschrittene Zivilisation in der fernen Zukunft die Gesetze der Physik entdecken wird – Elektromagnetismus, Quantenmechanik und Allgemeine Relativität. Wird ein Lemaître der fernen Zukunft deshalb imstande sein, eine ähnliche Behauptung abzuleiten?

Lemaîtres Folgerung, dass unser Universum in einem Big Bang begonnen haben muss, war unvermeidlich, beruhte jedoch auf einer Annahme, die für das beobachtbare Universum der fernen Zukunft nicht zutreffen wird. Ein mit Materie versehenes Universum, das sich gleichförmig in alle Richtungen erstreckt sowie isotrop und homogen ist, kann nicht statisch sein – aus den Gründen, die Lemaître und am Ende auch Einstein erkannten. Es gibt aber eine absolut richtige Lösung von Einsteins Gleichungen für ein einzelnes Masse enthaltendes System, das von einem ansonsten leeren statischen Raum umgeben ist. Denn wenn es eine solche Lösung nicht gäbe, könnte die Allgemeine Relativität isolierte Objekte wie Neutronensterne oder letztlich Schwarze Löcher nicht beschreiben.

Große Massenverteilungen wie unsere Milchstraße sind instabil, sodass unsere (Meta-)Galaxie schließlich selbst in sich zusammenstürzen und zu einem massiven Schwarzen Loch werden wird. Beschrieben wird dieser Vorgang in einer statischen Lösung von Einsteins Gleichung, der sogenannten Schwarzschild-Lösung. Der Zeitrahmen, in dem unsere Galaxie zu einem massiven Schwarzen Loch kollabieren wird, ist jedoch weit größer als der Zeitrahmen, in dem das übrige Universum verschwinden wird. Folglich wird den Wissenschaftlern der Zukunft die Vorstellung selbstverständlich erscheinen, dass unsere Milchstraße für eine Billion Jahre im leeren Raum ohne einen bedeutenden Kollaps existiert haben könnte und ohne dass sie notwendigerweise von einem expandierenden Universum umgeben gewesen sein musste.

Spekulationen über die Zukunft sind bekanntlich schwierig. Während ich dies schreibe, sitzen beim Weltwirtschaftsforum im schweizerischen Davos tatsächlich Horden von Wirtschaftswissenschaftlern, die unverdrossen das Verhalten künftiger Märkte vorhersagen und ihre Voraussagen revidieren, wenn sich herausstellt, dass sie schrecklich danebenlagen. Ganz allgemein kommen mir alle Vorhersagen für die ferne Zukunft und selbst für die nicht so ferne Zukunft von Wissenschaft und Technologie sogar noch unzulänglicher vor als jene der traurigen Wirtschaftswissenschaft. Wann immer ich beispielsweise gefragt werde, was die nahe Zukunft für die Naturwissenschaft bereithalte oder welcher große Durchbruch demnächst zu erwarten sei, erwidere ich stets, dass ich, wenn ich es wüsste, genau jetzt daran arbeiten würde!

Deshalb möchte ich das in diesem Kapitel vorgestellte Bild lieber so sehen wie das Bild der Zukunft, das der dritte Geist in Dickens' *Eine Weihnachtsgeschichte* präsentiert. Es ist die Zukunft, wie sie *sein könnte*. Schließlich haben wir keine Ahnung, was die den leeren Raum durchdringende Dunkle Energie ist. Folglich können wir uns auch nicht sicher sein, dass sie sich wie Einsteins kosmologische Konstante verhalten und konstant bleiben wird. Sollte das nicht der Fall sein, könnte die Zukunft des Universums ganz anders aussehen. Vielleicht beschleunigt sich die Expansion nicht ständig weiter, sondern verlangsamt sich im Lauf der Zeit wieder, sodass ferne Galaxien nicht verschwinden werden. Oder es tauchen vielleicht irgendwelche neue beobachtbare Größen auf, die wir jetzt noch nicht aufspüren können, während sie den Astronomen der Zukunft möglicherweise Belege liefern, dass ein Big Bang stattgefunden hat.

Wie dem auch sei: Die von mir skizzierte Zukunft beruht auf allem, was wir heute über das Universum wissen; es ist die derzeit plausibelste Version. Es ist spannend, sich zu überlegen, ob künftige Wissenschaftler durch Logik, Vernunft und empirische Daten vielleicht immer noch dazu gebracht werden können, korrekt auf die zugrunde liegende Natur unseres Universums zu schließen, oder ob dies für immer hinter dem Horizont verborgen bleiben wird. Vielleicht entwickelt ein brillanter Wissenschaftler, der die fundamentale Natur von Kräften und Teilchen erforscht, ein theoretisches Modell, aus dem abzuleiten ist, dass die Inflation stattgefunden hat oder dass es im leeren Raum Energie geben muss. In der Folge würde das erklären, warum innerhalb des Sichthorizonts keine Galaxien vorhanden sind. Doch was das angeht, bin ich nicht gerade optimistisch.

Schließlich ist Physik eine empirische Wissenschaft, die durch Experimente und Beobachtungen vorankommt. Hätten wir nicht aufgrund von Beobachtungen auf die Existenz Dunkler Energie geschlossen, wäre wohl kein Theoretiker so kühn gewesen, heute ihr Vorhandensein vorzuschlagen. Zwar ist es auch möglich, sich vorläufige Hinweise vorzustellen, die nahelegen, dass an dem Bild von einer einzigen Galaxie in einem Universum ohne Big Bang etwas falsch ist – vielleicht beobachtete Elementhäufigkeiten, die nicht normal erscheinen. Dennoch habe ich den Verdacht, dass Ockhams Rasiermesser bewirken dürfte, das einfachste Modell für das richtige zu halten, weshalb man die abnormen Beobachtungen wohl mit irgendwelchen lokalen Effekten erklären würde.

Bob Scherrer und ich haben auf das Problem verwiesen, dass künftige Wissenschaftler falsifizierbare Daten und Modelle verwenden werden – was als vorbildlich für gute Wissenschaft anzusehen ist –, dabei aber ein falsches Bild des Universums erhalten. Seitdem haben viele unserer Kollegen sich bemüht, Möglichkeiten vorzuschlagen, wie zu erkunden wäre, ob das Universum in ferner Zukunft tatsächlich weiter expandieren wird. Auch ich kann mir mögliche Experimente vorstellen. Ich kann aber nicht erkennen, dass sie gut begründet wären.

Beispielsweise müsste man helle Sterne aus unserer Galaxie ausstoßen und sie ins All hinausschicken, ungefähr eine Milliarde Jahre warten, bis sie explodieren, und in Abhängigkeit der vor ihrer Explosion erreichten Entfernung versuchen, ihre Fluchtgeschwindigkeiten zu beobachten. Daraus wäre dann vielleicht zu erkennen, ob sie durch eine mögliche Expansion des Raums einen zusätzlichen Kick erfahren haben. Das ist keine einfache Übung, doch selbst wenn man sich vorstellen könnte, das irgendwie auf die Reihe zu bekommen, sehe ich nicht, wie eine National Science Foundation der Zukunft das Experiment finanziert, ohne zumindest noch ein weiteres Argument im Sinne eines expandierenden Universums vorgelegt zu bekommen. Und falls Sterne unserer Milchstraße irgendwie auf natürliche Weise daraus herausgeschleudert würden und auf ihrem Weg zum Horizont aufzuspüren wären, erscheint es mir nicht klar zu sein, dass eine beobachtete abnorme Beschleunigung eines dieser Objekte durch einen so kühnen und seltsamen Vorschlag gedeutet werden könnte, den ein expandierendes, von Dunkler Energie dominiertes Universum darstellt.

Wir können uns glücklich schätzen, in dieser Zeit zu leben. Bob Scherrer und ich haben es in einem unserer Aufsätze so ausgedrückt: »Wir leben in einer ganz besonderen Zeit – es ist die einzige Zeit, in der wir durch Beobachtung feststellen können, dass wir in einer ganz besonderen Zeit leben!«

Das war ein wenig scherzhaft gemeint, doch es ist ernüchternd, darauf hinzuweisen, dass jemand die besten verfügbaren Beobachtungsinstrumente und theoretischen Werkzeuge verwenden kann und trotzdem ein völlig falsches Bild des Universums im großen Maßstab erhält.

Dessen ungeachtet sollte ich festhalten, dass falsche Daten zwar zu einem falschen Bild führen *können*. Das aber unterscheidet sich sehr von dem (falschen) Bild, das jene erhalten, die es vorziehen, empirische Daten zu ignorieren und stattdessen ein Bild der Schöpfung zu erfinden, das der offenkundigen Realität ansonsten widerspräche, wie etwa die Jünger des Junge-Erde-Kreationismus. Das gilt auch für diejenigen, die stattdessen etwas benötigen, für das es keinerlei beobachtbare Belege gibt (wie eine göttliche Intelligenz), um damit ihre Sicht der Schöpfung mit ihren Vorurteilen zu versöhnen. Was noch schlimmer ist – es gilt auch für diejenigen, welche sich an Märchen über die Natur klammern, in denen die Antworten vorgegeben sind, ehe auch nur eine Frage gestellt werden kann. Wenigstens die Wissenschaftler der Zukunft werden ihre Einschätzungen auf die besten verfügbaren Beweise gründen und wie wir alle (oder zumindest wie wir Wissenschaftler) anerkennen, dass neue Beweise uns vielleicht dazu bringen können, unser zugrunde liegendes Bild der Wirklichkeit zu verändern.

In dieser Hinsicht lohnt es sich anzumerken, dass wir möglicherweise auch heute etwas verpassen, was beobachtbar gewesen wäre, wenn wir nur vor zehn Milliarden Jahren gelebt hätten oder vielleicht 100 Milliarden Jahre in der Zukunft leben würden. Trotzdem sollte ich noch einmal betonen: Das allgemeine Bild des Big Bang ist durch Daten aus allen Bereichen zu gut begründet, als dass seine generellen Merkmale sich als falsch erweisen könnten. Mit neuen Daten könnte jedoch leicht ein neues, geringfügig abgewandeltes Bild der fernen Vergangenheit oder der fernen Zukunft oder vom Ursprung des Big Bang auftauchen. Tatsächlich hoffe ich, dass das geschieht. Aus dem möglichen Ende des Lebens und der Intelligenz in der Zukunft des Universums können wir unter anderem lernen, dass wir unsere Behauptungen mit einer gewissen kosmischen Demut aufstellen sollten, auch wenn das für Kosmologen schwer zu schaffen ist.

Wie auch immer – das soeben geschilderte Szenario besitzt

eine gewisse poetische Symmetrie, auch wenn es zugleich tragisch ist. Weit in der Zukunft werden Wissenschaftler ein Bild des Universums ableiten, das auf genau das Bild zurückkommt, das wir zu Beginn des letzten Jahrhunderts hatten. Dieses wiederum diente letztlich als Katalysator für Untersuchungen, die zu den modernen Revolutionen der Kosmologie geführt haben. Die Kosmologie wird den Kreis geschlossen haben und wieder am Ausgangspunkt angekommen sein. Ich persönlich finde das bemerkenswert, auch wenn es das unterstreicht, was so mancher als ultimative Vergeblichkeit unseres kurzen Augenblicks in der Sonne sehen dürfte.

Wie dem auch sei, das mögliche künftige Ende der Kosmologie illustriert ein grundlegendes Problem: Wir haben nur ein Universum, das wir testen können – es ist das, in dem wir leben. Wir müssen es testen, wenn wir mit einiger Hoffnung zu einem Verständnis kommen wollen, wie das entstanden ist, was wir jetzt beobachten. Dennoch sind wir in doppelter Hinsicht eingeschränkt – in dem, was wir messen können, und in unserer Interpretation der Daten.

Falls es viele Universen gibt und wir irgendwie mehr als eines erkunden könnten, hätten wir vielleicht eine bessere Chance zu erfahren, welche Beobachtungen wirklich bedeutsam und grundlegend sind und welche lediglich aus einem Zufall unserer Bedingungen hervorgehen.

Wie wir gleich sehen werden, ist die zweite Möglichkeit unwahrscheinlich, die erste hingegen nicht. Wissenschaftler drängen darauf, mit neuen Experimenten und Vorschlägen unser Verständnis für die unerwarteten und merkwürdigen Eigenschaften unseres Universums zu erweitern.

Ehe wir fortfahren, könnte es sich lohnen, mit einem weiteren, eher literarischen Bild der wahrscheinlichen Zukunft zu enden, die ich hier vorgestellt habe. Für das Thema dieses Buches ist es besonders relevant; es stammt aus Christopher Hitchens' Reaktion auf das eben von mir geschilderte Szenario. Er formulierte es so: »Alle, die es bemerkenswert finden, dass wir in einem Universum von Etwas leben, sollten einen Augenblick innehalten. Das Nichts befindet sich auf Kollisionskurs – direkt auf uns zu!«

8. Kapitel

Ein Riesenzufall?

Sobald man einen Schöpfer und einen Plan voraussetzt, werden Menschen zu Objekten in einem grausamen Experiment, in dem wir dazu geschaffen wurden, krank zu sein, und den Befehl erhalten haben, wohlauf zu sein.

Christopher Hitchens

In unser Denken ist die Vorstellung eingebaut, alles, was uns zustößt, sei bedeutsam und sinnvoll. Wir träumen, eine Freundin werde sich den Arm brechen, und am nächsten Tag erfahren wir, dass sie sich den Knöchel verstaucht hat. Wow! Kosmisch! Hellseherei?

Der Physiker Richard Feynman wandte sich gern an Menschen und sagte ihnen: »Sie werden nicht glauben, was mir heute passiert ist! Sie werden es einfach nicht glauben!« Und als sie fragten, was geschehen sei, pflegte er zu antworten: »Absolut nichts!« Er wollte darauf hinweisen, dass Menschen, die etwas wie den von mir gerade geschilderten Traum erleben, dem Vorfall eine Bedeutung zuschreiben, dabei aber die unzähligen unsinnigen Träume vergessen, die absolut nichts vorhergesagt haben. Indem wir vergessen, dass den Tag über zumeist nichts Bemerkenswertes geschieht, täuschen wir uns dann im Hinblick auf die Natur der Wahrscheinlichkeit, wenn sich tatsächlich etwas Ungewöhnliches ereignet: Bei jeder hinreichend großen Anzahl von Ereignissen gibt es aufgrund eines schlichten Zufalls auch immer etwas Ungewöhnliches.

Wie lässt sich das nun auf unser Universum anwenden?

Ehe man entdeckte, dass die Energie des leeren Raums nicht nur nicht null beträgt, sondern unerklärlicherweise einen Wert annimmt, der 120 Größenordnungen kleiner ist als der nach den Vorstellungen aus der Teilchenphysik zu erwarten gewesene Schätzwert, galt es unter Physikern als ausgemacht, dass jeder in der Natur gemessene Grundparameter tatsächlich bedeutsam ist. Das hieß: Auf der Basis grundlegender Prinzipien sollten wir am Ende in der Lage sein, beispielsweise zu verstehen, warum die Gravitation so viel schwächer ist als die anderen Naturkräfte, warum das Proton 2000-fach schwerer ist als das Elektron und warum es drei Familien von Elementarteilchen gibt. Anders ausgedrückt: Sobald wir die fundamentalen Gesetze verstünden, die die Naturkräfte auf ihren kleinsten Skalen steuern, würden all diese aktuellen Mysterien als natürliche Folgen jener Gesetze enthüllt werden.*

Doch die Entdeckung, dass der leere Raum Energie besitzt,

* Andererseits könnte ein rein religiöses Argument die Bedeutung zum Äußersten treiben und nahelegen, dass jede Naturkonstante deswegen bedeutsam sei, weil Gott vermutlich für jede einzelne genau den vorgefundenen Wert gewählt habe, den sie als Teil eines göttlichen Plans für unser Universum haben müsse. In diesem Fall ist nichts dem Zufall zu verdanken, doch aus dem gleichen Grund ist auch nichts vorhergesagt oder wirklich erklärt. Die religiöse Aussage ist eher ein Dekret als ein Argument; sie führt nirgendwo hin und liefert nichts, was bei den physikalischen Gesetzen von Nutzen wäre, die das Universum beherrschen – außer vielleicht Trost für den Gläubigen.

löste bei vielen Physikern ein Umdenken aus; sie begannen sich zu fragen, was in der Natur notwendig ist und was vielleicht nur zufällig auftritt.

Angeregt wurde diese neue Denkfigur durch das Argument, das ich im letzten Kapitel vorgetragen habe: Die Dunkle Energie ist heute messbar, weil »jetzt« der einzige Zeitabschnitt in der Geschichte des Universums ist, in dem die Energie des leeren Raums mit der Energiedichte in Materie vergleichbar ist.

Warum aber leben wir überhaupt in einer angeblich so »besonderen« Zeit in der Geschichte des Universums? Diese Frage ist in der Tat ein Schlag ins Gesicht für all das, was die Naturwissenschaft seit Kopernikus ausgemacht hat. Wir haben erfahren, dass die Erde nicht der Mittelpunkt des Sonnensystems und die Sonne ein Stern in den einsamen Außenbezirken einer Galaxie ist, die wiederum nur eine unter 100 Milliarden Galaxien im beobachtbaren Universum darstellt. Wir haben das »kopernikanische Prinzip« zu akzeptieren gelernt, wonach unser Ort und unsere Zeit im Universum nichts Besonderes an sich haben.

Doch angesichts der Energie des leeren Raums, wie sie sich darstellt, scheinen wir tatsächlich in einem besonderen Zeitalter zu leben. Am besten lässt sich das mit der folgenden Abbildung, einer »kurzen Geschichte der Zeit«, demonstrieren:

Mittlere Dichte des Universums

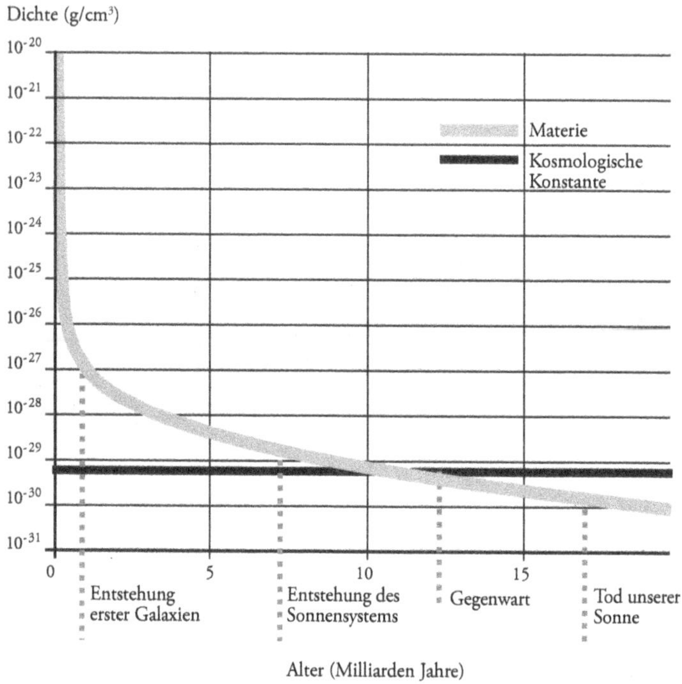

Die beiden Kurven stehen für die Energiedichte der gesamten Materie im Universum und die Energiedichte des leeren Raums* als Funktion der Zeit. Wie zu erkennen ist, nimmt die Dichte der Materie ab, während das Universum expandiert** – genau das würde man erwarten. Dagegen bleibt die Energiedichte im leeren Raum konstant, weil im leeren Raum nichts vorhanden

* Unter der Annahme, es handle sich um eine kosmologische Konstante.

** Die Entfernung zwischen Galaxien wächst ständig weiter, weshalb die Materie »verdünnt« wird.

ist, was zu verdünnen wäre!* Die beiden Kurven schneiden einander relativ nahe an der Gegenwart, was der Ursprung jener seltsamen Koinzidenz ist, die ich beschrieben habe.

Sehen wir uns nun an, was geschehen würde, wenn die Energie im leeren Raum, sagen wir, 50-mal größer wäre als der heutige Schätzwert. Dann würden sich die beiden Kurven zu einem früheren Zeitpunkt schneiden, wie in der folgenden Abbildung zu erkennen ist:

Mittlere Dichte des Universums

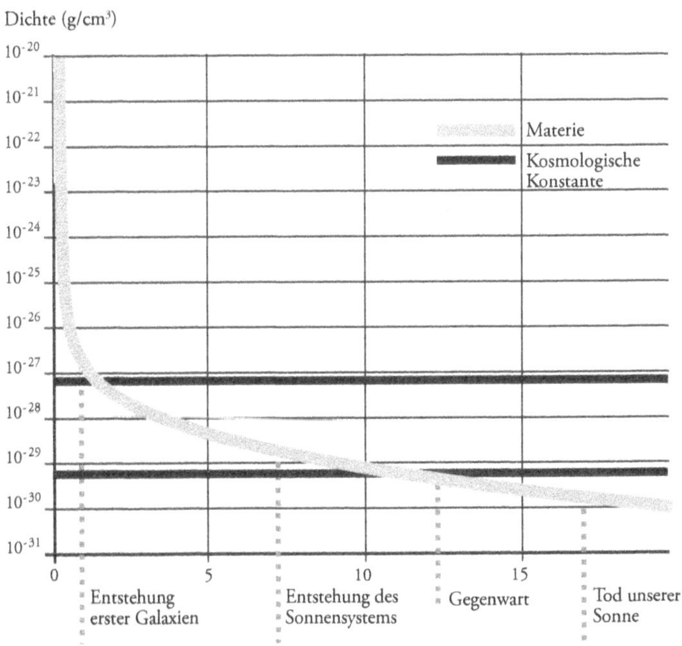

* Oder wie ich etwas weniger scherzhaft dargestellt habe: Das sich ausdehnende Universum verrichtet Arbeit am leeren Raum.

Der Zeitpunkt, zu dem sich die beiden Kurven für den oberen, größeren Wert der Energie des leeren Raums schneiden, liegt in dem Bereich, in dem die ersten Galaxien entstanden sind – etwa eine Milliarde Jahre nach dem Big Bang. Wir sollten jedoch daran denken, dass die Energie des leeren Raums als abstoßende Gravitation wirkt. Hätte sie die Energie des Universums bereits vor der Zeit der Galaxienbildung beherrscht, hätte die aus dieser Energie hervorgehende abstoßende Kraft die normale Anziehungskraft der Gravitation (buchstäblich) überwogen, welche die Materie veranlasst hat, sich zusammenzuballen. Das heißt, Galaxien hätten sich niemals gebildet!

Wenn aber keine Galaxien entstanden wären, hätten sich auch keine Sterne gebildet. Und ohne Sterne wären keine Planeten entstanden. Und hätten sich keine Planeten gebildet, hätte es keine Astronomen gegeben!

In einem Universum, dessen Energie des leeren Raums nur 50-mal größer ist, als wir heute beobachten, wäre also offenkundig niemand da, der versuchte, diese Energie zu messen.

Sollte uns das etwas sagen? Kurz nach der Entdeckung des expandierenden Universums schlug der Physiker Steven Weinberg auf der Grundlage eines ein Jahrzehnt zuvor (vor der Entdeckung der Dunklen Energie) von ihm entwickelten Arguments vor, das »Koinzidenzproblem« könne demnach gelöst werden, wenn der heute gemessene Wert der kosmologischen Konstante irgendwie »anthropisch« selektiert worden sei. Das heißt, falls es vielleicht viele Universen gäbe und in jedem von ihnen der Wert der Energie des leeren Raums einen zufällig gewählten Betrag annähme, der auf einer bestimmten Zufallsverteilung aller möglichen Energien beruhte, dann würde sich Leben, wie wir es kennen, nur in den Universen entwickeln können, in denen der Wert nicht allzu stark von unseren aktuellen Messwerten abweicht. Möglicherweise befinden wir uns deshalb in einem Universum mit winziger Energie im leeren Raum, weil wir uns nicht in einem mit einem weit größeren Wert befinden könnten. Anders ausgedrückt: So übermäßig überraschend ist der Befund nicht, dass wir in einem Universum leben, in dem wir leben können!

Mathematisch ergibt dieses Argument jedoch nur dann einen Sinn, wenn die Möglichkeit besteht, dass viele verschiedene Universen entstanden sind. Es mag sich wie ein Oxymoron anhören, wenn wir von vielen Universen sprechen. Denn üblicherweise ist der Begriff Universum zu einem Synonym geworden für »alles, was existiert«.

In jüngerer Zeit hat *Universum* jedoch eine einfachere und wohl auch besser nachvollziehbare Bedeutung angenommen. Mittlerweile ist es üblich, sich »unser« Universum als das vorzustellen, was einfach alles einschließt, was wir derzeit und was wir je werden sehen können. Physikalisch umfasst unser Universum also alles, was je auf uns eingewirkt haben könnte oder auf uns einwirken wird.

Sobald man diese Definition für ein Universum wählt, geraten andere »Universen«* in den Bereich des Möglichen, zumindest im Prinzip.

Wie ich schon unterstrichen habe, ist unser Universum so ungeheuer riesig, dass alles, was nicht unmöglich ist, praktisch mit Sicherheit irgendwo vorkommt. Seltene Ereignisse finden ständig statt. Man fragt sich vielleicht, ob dieses Prin-

* Regionen, die von unserem Universum seit jeher kausal abgekoppelt sind und es auch immer bleiben werden – wie Inseln, die durch einen Raum-Ozean von jeder Kommunikation untereinander abgeschnitten sind.

zip auch für die Möglichkeit vieler Universen oder eines »Multiversums« (unter dieser Bezeichnung ist die Idee heute bekannt) gilt. Wie sich zeigt, gibt es starke theoretische Hinweise darauf, dass es sich hier um mehr als nur eine Möglichkeit handelt. Zahlreiche zentrale Vorstellungen, die einem beträchtlichen Teil der derzeit laufenden Aktivitäten in der Teilchentheorie zugrunde liegen, scheinen ein Multiversum zu fordern.

Ich möchte das betonen, weil in Debatten mit Menschen, die das Bedürfnis nach einem Schöpfer verspüren, die Behauptung der Existenz eines Multiversums als billige Ausrede der Physiker gesehen wird, denen die Antworten ausgegangen sind – oder möglicherweise auch die Fragen. Vielleicht ist das ja am Ende auch so – im Augenblick aber trifft es nicht zu. Beinahe jede logisch vorstellbare Möglichkeit, die darauf abzielt, die in kleinen Skalen bekannten physikalischen Gesetze auf eine umfassendere Theorie auszudehnen, lässt erwarten, dass unser Universum im großen Maßstab nicht einzigartig ist.

Das als Inflation bezeichnete Phänomen liefert vielleicht die erste und möglicherweise beste Begründung. Während der inflationären Phase, in der eine bestimmte Region des Universums zeitweilig von gewaltiger Energie dominiert wird, beginnt diese Region sich exponentiell auszudehnen. Zu einem bestimmten Zeitpunkt kann es sein, dass eine kleine Zone innerhalb dieses »falschen Vakuums« aus der Inflation ausscheidet, da in der Region ein Phasenübergang stattfindet. Dabei entspannt sich das darin befindliche Feld auf seinen wahren, niedrigeren Energiewert, worauf die Expansion innerhalb dieses Bereichs nicht länger exponentiell verläuft. Der Raum *zwischen* solchen Bereichen wird sich jedoch weiter exponentiell ausdehnen. Zu jedem Zeitpunkt liegt dann der größte Teil des Raums, sofern der Phasenübergang sich nicht über den gesamten Raum hinweg vervollständigt, innerhalb einer sich inflationär ausdehnenden Region. Und die sich aufblähende Region wird jene Zonen, die der Inflation anfangs entgangen sind, durch fast unauslotbare Distanzen voneinander trennen. Man kann es mit der aus einem Vulkan quellenden Lava vergleichen. Ein Teil des Gesteins kühlt ab und verfestigt sich, doch weil diese Steinbrocken auf einem Meer aus flüssiger Lava treiben, werden die Abstände zwischen ihnen immer größer.

Die Situation kann sogar noch dramatischer sein. Andrei Linde, zusammen mit Alan Guth einer der entscheidenden Architekten der modernen Inflationstheorie, hat 1986 ein vielleicht noch allgemeineres Szenario vorgetragen und erforscht. In gewissem Sinn war das schon von Alexander Vilenkin, einem weiteren erfinderischen russischen Kosmologen in den USA, vorweggenommen worden. Sowohl Linde als auch Vilenkin verfügen über die innere Zuversicht, die man bei großen russischen Physikern antrifft; ihre Geschichte ist jedoch völlig unterschiedlich verlaufen. Linde war im alten sowjetischen Physik-Establishment erfolgreich, ehe er nach dem Fall der Sowjetunion in die USA auswanderte. Frech, brillant und witzig hat er die theoretische Teilchenkosmologie seither in weitem Umfang dominiert. Vilenkin emigrierte schon viel früher, noch ehe er Physiker wurde, und arbeitete während seines Studiums in den USA in verschiedenen Jobs, unter anderem als Nachtwächter. Und obwohl er sich immer für die Kosmologie interessiert hatte, bewarb er sich für seine Promotionsarbeit zufällig an der falschen Uni, worauf er eine Doktorarbeit in der Physik kondensierter Materie –

der Material- und Festkörperphysik – verfasste. Anschließend fand er eine Anstellung als forschender Postdoktorand an der Case Western Reserve University, wo ich schließlich Fakultätsvorsitzender wurde. Während dieser Zeit fragte er seinen Supervisor Philip Taylor, ob er zusätzlich zu den ihm zugewiesenen Projekten einige Tage in der Woche an kosmologischen Fragen arbeiten könne. Wie Philip mir später mitteilte, war Alexander selbst mit seinem Teilzeitlabor der produktivste Postdoktorand, den er je gehabt hatte.

Linde erkannte jedenfalls, dass Quantenfluktuationen während der Inflation häufig das Feld antreiben, das die Inflation zu ihrem niedrigsten Energiezustand drängt. Das führt dann zu einem eleganten Ausstieg. Es besteht aber auch ständig die Möglichkeit, dass Quantenfluktuationen in manchen Regionen das Feld zu immer höheren Energien treiben – fort von den Werten, bei denen die Inflation aufhören würde –, wodurch die Inflation unvermindert weitergeht. Weil solche Regionen über längere Zeiträume hinweg expandieren, ist der von Inflation betroffene Raumanteil erheblich größer als der nicht inflationär expandierende Raum. Innerhalb dieser Regionen wiederum werden Quantenfluktuationen weitere Teilzonen zum Ausstieg aus der Inflation veranlassen und deren exponentielle Expansion beenden, doch auch hier gibt es wieder Zonen, wo die Quantenfluktuationen dafür sorgen, dass die Inflation jeweils noch länger anhält. Und so weiter.

Dieses Modell, das Linde »chaotische Inflation« getauft hat, ähnelt in der Tat den vertrauteren chaotischen Systemen auf der Erde. Nehmen wir beispielsweise kochenden Haferbrei. An jedem Ort kann eine Gasblase aus der Oberfläche blubbern, was Bereiche anzeigt, in denen Flüssigkeit hoher Temperatur einen Phasenübergang vollendet und Dampf bildet. Zwischen den Blasen aber brodelt und wallt der Haferbrei. In größerem Maßstab zeigt sich Regelmäßigkeit – irgendwo treten stets Blasen aus. Örtlich jedoch verhält es sich ganz anders – je nachdem, wo man hinschaut. Das würde sich auch in einem chaotisch inflationär expandierenden Universum zeigen. Befände man sich zufällig in einer »Blase« des wahren Grundzustands, in dem die Inflation aufgehört hat, würde einem das eigene Universum völlig anders vorkommen als der große Raumbereich, der sich nach wie vor inflationär ausdehnt.

In diesem Modell geht die Inflation ewig weiter. Manche Regionen – tatsächlich der größte Teil des Raums – würden auf immer inflationär expandieren. Jene Regionen, die der Inflation entgehen, werden zu kausal abgekoppelten separaten Universen. Ich möchte unterstreichen, dass ein Multiversum *unvermeidlich* ist, wenn die Inflation ewig weitergeht, und eine ewige Inflation ist bei Weitem die wahrscheinlichste Möglichkeit in den meisten, wenn nicht in allen inflationären Szenarien. In seinem Aufsatz von 1986 hat Linde es so ausgedrückt:

> Die alte Frage, warum unser Universum das einzig mögliche ist, wird nun durch die Frage ersetzt, in welchen Theorien die Existenz von Mini-Universen wie dem unseren möglich ist. Diese Frage ist immer noch sehr schwer, aber leichter zu beantworten als die vorige. Unserer Ansicht nach ist die Modifikation der Sicht auf die globale Struktur des Universums und auf unsere Situation in der Welt eine der wichtigsten Folgen, die sich aus der Entwicklung des Szenarios einer inflationär expandierenden Welt ergibt.

Wie Linde hervorhob, liefert dieses Modell (was inzwischen klar geworden ist) auch eine neue Möglichkeit für die Physik. So könnte es leicht sein, dass in der Natur viele mögliche Quantenzustände niedriger Energie vorhanden sind, in die ein inflationär expandierendes Universum schließlich zerfallen könnte. Weil die Konfiguration der Quantenzustände dieser Felder in jeder einzelnen dieser Regionen unterschiedlich sein wird, kann der Charakter der grundlegenden physikalischen Gesetze in jeder Region/jedem Universum anders erscheinen.

Hier tauchte die erste »Landschaft« auf, in der das zuvor formulierte anthropische Argument seine Rolle spielen konnte. Falls es viele unterschiedliche Zustände gibt, in denen unser Universum nach der Inflation enden könnte, dann wäre das, in dem wir leben,* vielleicht einfach nur eines einer potenziell unendlich großen Familie. Damit wäre es zugleich das Universum, das für fragende Wissenschaftler ausgewählt scheint, weil es Galaxien, Sterne, Planeten und Leben ermöglicht.

Das erste Mal trat der Begriff »Landschaft« jedoch nicht in diesem Zusammenhang auf. Er wurde durch eine weit effektivere Vermarktungsmaschine vorangebracht – sie hängt mit dem Götzen zusammen, der die Teilchentheorie während des letzten Vierteljahrhunderts weitgehend angetrieben hat: der Stringtheorie. Die Stringtheorie postuliert, dass Elementarteilchen aus fundamentalen Bestandteilen zusammengesetzt sind, bei denen es sich nicht um Teilchen handelt, sondern um Objekte, die sich wie schwingende Saiten verhalten. Wie

* Eines, in dem die Vakuum-Energie vorhanden, ungleich null und so klein ist, dass sich Galaxien bilden konnten.

die Schwingungen einer Violinsaite unterschiedliche Töne erzeugen, so produzieren dieser Theorie zufolge verschiedene Arten von Schwingungen Objekte, die sich zumindest prinzipiell wie all die in der Natur vorgefundenen verschiedenen Elementarteilchen verhalten können. Die Geschichte hat nur einen Haken: Die Theorie ist mathematisch nicht konsistent, wenn sie in nur vier Dimensionen definiert wird; sie scheint weit mehr davon zu erfordern, wenn sie einen Sinn ergeben soll. Was mit den anderen Dimensionen geschieht, ist nicht unmittelbar ersichtlich, und das gilt auch für die Frage, welche anderen Objekte außer den Saiten oder Strings wichtig sein könnten, um die Theorie zu definieren. Das sind nur einige der vielen ungelösten Probleme, die sich hier gezeigt und die frühe Begeisterung für diese Idee ein wenig gedämpft haben.

Hier ist nicht der Ort, die Stringtheorie eingehend zu erörtern, und tatsächlich ist eine gründliche Überprüfung wahrscheinlich nicht möglich. Denn wenn in den vergangenen 25 Jahren eines klar geworden ist, dann wohl die Tatsache, dass die anfangs als Stringtheorie bezeichnete Idee eindeutig komplizierter und komplexer ist als zunächst gedacht und dass ihre grundlegende Natur und ihre Erscheinungsweise weiterhin ein Mysterium sind.

Wir haben immer noch keine Ahnung, ob dieses bemerkenswerte Theoriegebäude überhaupt etwas mit der realen Welt zu tun hat. Dessen ungeachtet dürfte noch kein theoretisches Modell so erfolgreich in das Bewusstsein der Physikergemeinde eingedrungen sein, ohne je gezeigt zu haben, dass es fähig ist, ein einziges Geheimnis der Natur experimentell erfolgreich zu lösen.

Viele werden den letzten Satz als Kritik an der Stringtheorie auffassen, doch obwohl ich in der Vergangenheit als deren Kritiker abgestempelt worden bin, ist das hier wirklich nicht beabsichtigt. Auch in den zahlreichen Vorträgen und wohlmeinenden öffentlichen Debatten, die ich mit meinem Freund Brian Greene (einem der Hauptvertreter der Stringtheorie) zu dem Thema geführt habe, hatte ich es nicht darauf angelegt. Vielmehr glaube ich, es ist einfach wichtig, von dem verbreiteten Hype wegzukommen und die Geschichte mittels einer Realitätsprüfung wieder zu erden. Die Stringtheorie schließt faszinierende Ideen und mathematische Vorstellungen ein, die Licht auf eine der grundlegenden Inkonsistenzen der theoretischen Physik werfen könnten – auf unsere Unfähigkeit, Einsteins Allgemeine Relativität in eine Form zu gießen, die mit den Gesetzen der Quantenmechanik vereint werden kann und so vernünftige Vorhersagen darüber ermöglicht, wie das Universum sich in seinen kleinsten Maßstäben verhält.

Ich habe ein ganzes Buch darüber verfasst, wie die Stringtheorie versucht hat, dieses Problem zu umgehen. Für unsere Zwecke hier genügt jedoch eine sehr kurze Zusammenfassung. Die zentrale Aussage ist leicht darzustellen, wenn auch schwierig umzusetzen. In sehr kleinen Maßstäben – sie entsprechen der Skala, auf der die Probleme zwischen Schwerkraft und Quantenmechanik zuerst anzutreffen sein dürften – könnten sich elementare Strings zu geschlossenen Schleifen aufrollen. Innerhalb der möglichen Anregungszustände solcher geschlossener Schleifen existiert stets ein solcher Zustand mit den Eigenschaften jenes Teilchens, das in der Quantentheorie die Gravitationskraft vermittelt – das Graviton. Die Quantentheorie solcher Strings liefert also im Prinzip das Spielfeld, auf dem eine richtige Quantentheorie der Gravitation aufgebaut werden könnte.

Tatsächlich hat man entdeckt, dass mit einer solchen Theorie die fatalen Vorhersagen unendlicher Werte vermieden werden könnten, die sich aus den normalen quantentheoretischen Ansätzen zur Gravitation ergeben. Die Sache hatte jedoch einen Haken. In der einfachsten Version der Theorie können diese Vorhersagen unendlicher Werte nur umgangen werden, wenn die Strings, aus denen die Elementarteilchen aufgebaut sind, nicht nur in den drei vertrauten Raumdimensionen und der Zeitdimension schwingen, sondern in 26 Dimensionen!

Man sollte erwarten, dass ein so sprunghafter Anstieg von Komplexität (und vielleicht Glaube) ausreichen würde, die meisten Physiker von der Theorie abzuschrecken. In den 1980er Jahren wurde jedoch durch einige schöne mathematische Arbeiten mehrerer Theoretiker (besonders hervorzuheben ist hier Edward Witten vom Institute for Advanced Studies) gezeigt, dass die Theorie im Prinzip weit mehr zu leisten vermag als nur eine Quantentheorie der Gravitation. Man führte neue mathematische Symmetrien ein – insbesondere ein bemerkenswert leistungsfähiges mathematisches Gerüst namens »Supersymmetrie« – und machte es damit möglich, die Zahl der für eine Konsistenz der Theorie erforderlichen Dimensionen auf nur noch zehn zu reduzieren.

Wichtiger war jedoch, dass es eine Chance zu geben schien, im Rahmen der Stringtheorie die Gravitation mit den anderen Naturkräften in einer Theorie zusammenzufassen und überdies vielleicht die Existenz jedes einzelnen bekannten Elementarteilchens zu erklären! Schließlich schien sich noch abzuzeichnen, es könne eine einzige Theorie in zehn Dimensionen geben, die alles abbilden kann, was wir in unserer vierdimensionalen Welt sehen.

Behauptungen über eine »Theorie von allem« oder eine

»Weltformel« begannen sich zu verbreiten – nicht nur in der wissenschaftlichen, sondern auch in der populären Literatur. Deshalb sind möglicherweise mehr Menschen mit »Superstrings« vertraut als mit der »Supraleitung«, der bemerkenswerten Tatsache, dass manche Materialien, wenn man sie auf sehr niedrige Temperaturen abkühlt, den Strom völlig widerstandslos leiten können. Das ist nicht nur eine der bemerkenswertesten Eigenschaften von Materie, die bei niedrigen Temperaturen zu beobachten ist, sondern hat auch unser Verständnis des Quantenaufbaus von verschiedenen Stoffen verändert.

Doch leider waren die letzten 25 Jahre keine gute Zeit für die Stringtheorie. Als sogar die besten theoretischen Köpfe der Welt sich darauf konzentrierten und bändeweise Ergebnisse lieferten, wobei sie noch eine ganze Menge neuer Mathematik hervorbrachten,* wurde klar, dass die »Strings« der Stringtheorie wahrscheinlich gar nicht die grundlegenden Objekte sind. Andere, noch kompliziertere Strukturen – nach den Membranen in den Zellen als »Brane« bezeichnet –, die in höheren Dimensionen existieren, kontrollieren wahrscheinlich das Verhalten in der Theorie.

Schlimmer ist, dass die Einzigartigkeit der Theorie zu schwinden begann. Die Welt unserer Erfahrung ist schließlich nicht zehndimensional, sondern vierdimensional. Mit den übrigen sechs Raumdimensionen muss etwas geschehen, und die anerkannte Erklärung ihrer Unsichtbarkeit besagt, sie seien irgendwie »in sich geschlossen«, das heißt, sie seien auf so kleinen Skalen aufgerollt, dass wir sie in unseren

* So wurde Witten beispielsweise die höchste Auszeichnung in der Mathematik zuteil.

Maßstäben nicht auflösen können – vielleicht nicht einmal in den winzigen Skalen, die aktuell mit unseren besten Teilchenbeschleunigern erkundet werden.

Zwischen diesen vorgeschlagenen verborgenen Bereichen und den Bereichen der Spiritualität und Religion besteht ein Unterschied, auch wenn das oberflächlich betrachtet nicht so scheinen mag. Zunächst einmal sind sie prinzipiell zugänglich, sofern wir einen Beschleuniger mit hinreichend großen Energien bauen können. Das liegt vielleicht außerhalb des Durchführbaren, nicht aber außerhalb des Möglichen. Außerdem können wir vielleicht hoffen, dass wie bei den virtuellen Teilchen indirekte Beweise für ihre Existenz zu finden sind, nämlich über die Objekte, die wir in unserem vierdimensionalen Universum messen können. Kurz, weil man sie als Teil einer Theorie vorgeschlagen hat, die entwickelt wurde, um das Universum zu erklären, statt es zu rechtfertigen, könnten sie schließlich für eine empirische Überprüfung zugänglich sein, auch wenn die Wahrscheinlichkeit gering ist.

Doch abgesehen davon stellt die mögliche Existenz dieser zusätzlichen Dimensionen eine gewaltige Herausforderung dar für die Hoffnung, dass unser Universum einzigartig ist. Selbst wenn man mit einer einzigen Theorie mit zehn Dimensionen beginnt (von denen wir, ich wiederhole, nicht wissen, ob es sie gibt), kann jeder unterschiedliche Weg für das »Einrollen« der sechs unsichtbaren Dimensionen zu einem jeweils anderen Typ eines vierdimensionalen Universums führen – mit unterschiedlichen physikalischen Gesetzen, anderen Kräften, anderen Teilchen und beherrscht von anderen Symmetrien. Einige Theoretiker haben geschätzt, dass es vielleicht 10^{500} verschiedene Möglichkeiten für konsistente vierdimensionale Universen gibt, die aus einer einzigen zehndimensionalen Stringtheorie hervorgehen könnten. Aus einer »Theorie von allem« war plötzlich eine »Theorie von allem Möglichen« geworden.

In einer Karikatur meines liebsten wissenschaftlichen Comicstrips namens *xkcd* wurde diese Situation sarkastisch auf den Punkt gebracht. Dort sagt eine Person zur anderen: »Mir ist gerade ein geiler Gedanke gekommen. Was wäre, wenn die ganze Materie und Energie aus winzigen schwingenden Saiten bestünden?« Darauf erwidert der andere: »Okay. Was würde das bedeuten?« »Keine Ahnung.«

Kaum weniger scherzhaft hat der Physiker und Nobelpreisträger Frank Wilczek angemerkt, die Stringtheoretiker hätten eine neue Art der Physik erfunden, die an eine neue Art des Dart-Spiels erinnere. Zunächst wirft einer den Pfeil auf eine leere Wand, dann geht er zur Wand und zeichnet eine Zielscheibe rund um den dort steckenden Pfeil.

Auch wenn Wilczeks Kommentar den Rummel, der darum gemacht wurde, weitgehend exakt wiedergibt, sollte dennoch betont werden, dass alle, die an der Theorie arbeiten, aufrichtig bemüht sind, Prinzipien aufzudecken, von denen die Welt, in der wir leben, möglicherweise beherrscht wird. Nichtsdestoweniger ist die Fülle möglicher vierdimensionaler Universen, die die Stringtheoretiker in solche Verlegenheit gebracht hat, inzwischen zu einem Vorzug der Theorie geworden. Man kann sich vorstellen, dass man in ein zehndimensionales »Multiversum« eine ganze Menge unterschiedlicher vierdimensionaler (oder fünfdimensionaler, sechsdimensionaler und so weiter!) Universen einbetten kann. Jedes einzelne kann verschiedene physikalische Gesetze haben, und zudem kann in jedem von ihnen eine andere Energie des leeren Raums vorhanden sein.

Auch wenn sich das wie ein nützliches Lügenmärchen anhört, scheint die Aussage eine automatische Konsequenz der Stringtheorie zu sein, und sie erschafft eine richtige »Landschaft« des Multiversums. Damit könnte ein natürlicher Rahmen vorliegen, in dem ein anthropisches Verständnis für die Energie des leeren Raums zu entwickeln wäre. In diesem Fall benötigen wir keine unendliche Zahl möglicher Universen, die im dreidimensionalen Raum voneinander getrennt vorliegen. Vielmehr können wir uns eine unendliche Zahl von Universen vorstellen, die – für uns unsichtbar – an einem einzigen Punkt in unserem Raum übereinandergestapelt sind und jeweils bemerkenswert unterschiedliche Eigenschaften aufweisen könnten.

Ich möchte betonen, dass diese Theorie nicht so trivial ist wie die theologische Überlegung des heiligen Thomas von Aquin, ob mehrere Engel denselben Ort besetzen können. Diese Idee verspotteten spätere Theologen als fruchtlose Spekulation, wie viele Engel auf einer Nadelspitze Platz fänden. Tatsächlich beantwortete Thomas diese Frage selbst – er sagte, mehr als ein Engel könne nicht an ein und demselben Ort sein –, natürlich ohne jede theoretische oder experimentelle Begründung! Und wenn es sich um bosonische Quanten-Engel handelte, hätte er in jedem Fall falschgelegen.

Angesichts eines solchen Modells und mithilfe angemessener Mathematik sollte man prinzipiell erwarten, wirklich physikalische Vorhersagen treffen zu können. Beispielsweise könnte man eine »Wahrscheinlichkeitsverteilung« ableiten, die beschreibt, wie wahrscheinlich es ist, verschiedene Typen vierdimensionaler Universen zu finden, die in ein höherdimensionales Multiversum eingebettet sind. Man könnte zum Beispiel darauf stoßen, dass Universen mit niedriger

Vakuumenergie größtenteils auch drei Familien von Elementarteilchen und vier verschiedene Kräfte besitzen. Oder wir finden vielleicht heraus, dass nur in Universen mit niedriger Vakuumenergie eine elektromagnetische Kraft mit großer Reichweite existieren kann. Jedes derartige Ergebnis dürfte hinreichend überzeugende Belege dafür liefern, dass eine probabilistische anthropische Erklärung für die Energie des leeren Raums – also der Befund, dass ein Universum wie das unsere mit niedriger Vakuumenergie nicht unwahrscheinlich ist – einen soliden physikalischen Sinn ergibt.

Doch die Mathematik hat uns bislang nicht dahin gebracht, und das könnte ewig so bleiben. Trotz unserer derzeitigen theoretischen Unfähigkeit ist damit aber nicht gesagt, dass diese Möglichkeit nicht von der Natur realisiert worden ist.

Wie dem auch sei – mittlerweile hat die Teilchenphysik die anthropische Argumentation ein Stück weiter vorangebracht.

Teilchenphysiker sind den Kosmologen weit voraus. Die Kosmologie hat eine vollkommen mysteriöse Größe hervorgebracht – die Energie des leeren Raums, von der wir im Grunde nichts verstehen. Allerdings hat die Teilchenphysik sehr viel mehr Größen für weit längere Zeit ebenfalls nicht verstanden!

Ein Beispiel: Warum gibt es drei Generationen von Elementarteilchen – das Elektron und seine schwereren Cousins, etwa das Myon und das Tauon, oder drei verschiedene Gruppen von Quarks, wo die Gruppe mit der niedrigsten Energie den größten Teil der auf der Erde vorgefundenen Materie ausmacht? Warum ist die Gravitation so viel schwächer als die anderen Naturkräfte wie beispielsweise der Elektromagnetismus? Warum ist das Proton 2000-mal schwerer als das Elektron?

Inzwischen haben einige Teilchenphysiker das anthropische Argument überschwänglich übernommen – vielleicht weil ihre Bemühungen, diese Mysterien in Übereinstimmung mit physikalischen Ursachen zu erklären, bislang erfolglos geblieben sind. Denn wenn eine fundamentale Größe in der Natur letztlich ein Zufall der Umgebung war: Warum gilt das dann nicht auch für die meisten oder alle anderen fundamentalen Parameter? Vielleicht sind ja alle Geheimnisse der Teilchentheorie durch Anrufung desselben Mantras lösbar: Wäre das Universum irgendwie anders, könnten wir darin nicht leben!

Man könnte sich fragen, ob eine solche Lösung der Naturgeheimnisse überhaupt eine Lösung darstellt oder, was wichtiger ist, ob sie Wissenschaft so wiedergibt, wie wir sie verstehen. Ziel der Wissenschaft und speziell der Physik während der letzten 450 Jahre ist es schließlich gewesen, eine Erklärung dafür zu finden, warum das Universum so sein muss, wie wir es messen, und nicht, warum die Naturgesetze im Allgemeinen Universen hervorbringen sollten, die völlig anders sind.

Ich habe zu erklären versucht, warum das nicht ganz zutrifft, und speziell, warum viele geachtete Wissenschaftler sich dem anthropischen Prinzip zugewandt und warum einige ziemlich hart gearbeitet haben, um zu prüfen, ob wir auf dieser Basis etwas Neues über unser Universum erfahren können.

Ich möchte noch weiter gehen und zu erklären versuchen, wie irgendeine Art empirischer Untersuchung vorgenommen werden könnte, um die Existenz von Universen zu prüfen, die in alle Ewigkeit nicht aufzuspüren sein werden – entweder weil sie sich praktisch unendlich von uns entfernt im Raum befinden, oder weil sie direkt vor unserer Nasenspitze durch mikroskopisch kleine Distanzen in möglichen zusätzlichen Dimensionen vorliegen.

Stellen wir uns beispielsweise eine Theorie vor, die darauf beruht, dass mindestens drei der vier Naturkräfte in einer Großen Vereinheitlichten Theorie vereint sind. In der Teilchenphysik wird die Suche nach einer derartigen Theorie ständig mit großem Interesse verfolgt – vor allem von denen, die es noch nicht aufgegeben haben, in vier Dimensionen nach fundamentalen Theorien zu suchen. Eine solche Theorie würde Vorhersagen über die von uns gemessenen Naturkräfte erstellen und über das Spektrum der Elementarteilchen, die wir in unseren Beschleunigern erforschen. Falls eine entsprechende Theorie massenhaft Vorhersagen liefert, die anschließend experimentell verifiziert werden können, hätten wir sehr gute Gründe für die Annahme, dass sie einen Keim von Wahrheit in sich trägt.

Nehmen wir nun an, diese Theorie sage auch eine Periode der Inflation im frühen Universum voraus und lege tatsächlich nahe, dass unsere inflationäre Periode nur eine in einer Vielzahl solcher Episoden innerhalb eines sich ewig ausdehnenden Universums ist. Selbst wenn wir nicht direkt erkunden könnten, ob es jenseits unseres Horizonts solche Bereiche gibt, so bleibt doch, wie ich schon angesprochen habe, die Aussage: Wenn es watschelt wie eine Ente und quakt wie eine Ente... Sie wissen schon.

Eine mögliche empirische Unterstützung für die Vorstellungen rund um zusätzliche Dimensionen liegt nicht sehr nahe, ist aber nicht ausgeschlossen. Viele helle Köpfe unter den jungen Theoretikern widmen ihre Berufslaufbahn der Hoffnung, die Theorie bis zu einem Punkt voranzubringen, an dem es vielleicht einige (möglicherweise auch nur indirekte) Belege dafür gibt, dass sie korrekt ist. Ihre Hoffnung mag unangebracht sein, doch sie haben mit den Füßen abgestimmt. Vielleicht öffnen Befunde des neuen Large Hadron Collider in Genf ein bislang verborgenes Fenster in diese neue Physik.

Nach einem Jahrhundert bemerkenswerter, wirklich beispielloser Fortschritte in unserem Naturverständnis sehen wir uns jetzt also imstande, das Universum in Größenordnungen zu sondieren, die zuvor unvorstellbar waren. Wir verstehen die Natur des Big Bang bis zurück in seine frühesten Mikrosekunden und haben entdeckt, dass es Hunderte Milliarden neuer Galaxien mit vielen 100 Milliarden Sternen gibt. Wir haben herausgefunden, dass 99 Prozent des Universums für uns unsichtbar sind. Beherrscht wird es von Dunkler Materie, bei der es sich höchstwahrscheinlich um eine neue Art Elementarteilchen handelt, und von Dunkler Energie, deren Ursprung derzeit ein absolutes Geheimnis ist.

Und nach alledem könnte sich zeigen, dass die Physik zu einer »Wissenschaft der Umgebung« wird. Die fundamentalen Konstanten der Natur, denen man so lange eine spezielle Bedeutung zugeschrieben hat, könnten vielleicht nur zufällige Merkmale bestimmter Umgebungen sein. Sofern wir Wissenschaftler dazu neigen, uns und unsere Wissenschaft zu ernst zu nehmen, haben wir vielleicht auch unser Universum zu ernst genommen. Möglicherweise machen wir sowohl buchstäblich als auch metaphorisch viel Lärm um nichts. Zumindest könnte es sein, dass wir zu viel aus dem Nichts machen, das unser Universum dominiert! Vielleicht gleicht unser Universum ja eher einer Träne in einem multiversalen Ozean aus Möglichkeiten. Es könnte sein, dass wir nie eine Theorie finden, die beschreibt, warum das Universum genau so sein muss, wie es ist.

Oder wir finden sie.

Am Ende ist dies das genaueste Modell der Wirklichkeit, das ich nach unserem aktuellen Verständnis entwerfen kann. Es beruht auf der Arbeit von vielen Zehntausend engagierten Denkern im Verlauf des vergangenen Jahrhunderts, die einige der komplexesten Maschinen aller Zeiten konstruiert und einige der schönsten und auch komplexesten Ideen entwickelt haben, mit denen die Menschheit sich je auseinanderzusetzen hatte. Es ist ein Bild, welches das Beste dessen hervorhebt, was es bedeutet, ein Mensch zu sein: Es ist unsere Fähigkeit, uns die weitgefassten Möglichkeiten der Existenz vorzustellen, und die Kühnheit, sie mutig zu erkunden – ohne die Verantwortung auf eine unbestimmte schöpferische Kraft abzuschieben oder auf einen Schöpfer, der definitionsgemäß auf immer nicht zu ergründen ist. Wir sind es uns selbst schuldig, aus dieser Erfahrung Wissen und Weisheit zu schöpfen. Alles andere wäre ein Unrecht an all den brillanten und tapferen Menschen, die dazu beigetragen haben, dass wir den aktuellen Wissensstand erreicht haben.

Wenn wir philosophische Schlüsse über unsere Existenz, unsere Bedeutung und die Bedeutung des Universums an sich ziehen wollen, sollten unsere Folgerungen auf empirischem Wissen aufbauen. Ein wirklich offenes Denken bedeutet, dass wir unsere Vorstellungen nach der konkret vorgefundenen Realität formen und nicht umgekehrt – ob uns die damit verbundenen Folgen nun gefallen oder nicht.

9. Kapitel

Das Nichts ist etwas

Nichtwissen macht mir nichts aus.
Es schreckt mich nicht.

Richard Feynman

Isaac Newton, wohl der größte Physiker aller Zeiten, veränderte unsere Art, über das Universum nachzudenken, in vielerlei Hinsicht. Dabei hat er demonstriert, dass das gesamte Universum erklärbar sein kann – was sein vielleicht wichtigster Beitrag gewesen sein dürfte. Mit seinem universellen Gravitationsgesetz zeigte er zum ersten Mal, dass sich sogar die himmlischen Sphären der Macht der Naturgesetze zu beugen hatten. Ein merkwürdig bedrohlich und scheinbar launenhaft erscheinendes Universum war möglicherweise ganz anders.

Wenn das Universum von unabänderlichen Gesetzen beherrscht war, mussten die mythischen Götter der griechischen und römischen Antike machtlos gewesen sein. Es hätte nicht die Freiheit gegeben, die Welt willkürlich zu verbiegen und der Menschheit damit dornenreiche Probleme zu schaffen. Und was für Zeus galt, betraf auch den Gott Israels. Wie konnte die Sonne am Mittag stillstehen, wenn die Sonne nicht um die Erde kreiste, sondern ihre Bewegung am Himmel durch den Umlauf der Erde zustande kam? Denn wenn man sie plötzlich anhielte, würden an ihrer Oberfläche Kräfte auftreten, die sämtliche von Menschen geschaffenen Strukturen und mit ihnen die Menschen vernichteten.

Bei Wundern geht es selbstverständlich um übernatürliche Handlungen. Denn schließlich sind es genau jene Angelegenheiten, welche die Naturgesetze umgehen. Ein Gott, der die Naturgesetze erschaffen kann, ist vermutlich auch imstande, sie nach Belieben zu umgehen. Doch warum sie dann vor Tausenden von Jahren – vor der Erfindung moderner Kommunikationsmittel, mit denen man alles hätte aufzeichnen können – so freizügig umgangen worden sind und nicht heute, darf man sich nach wie vor fragen.

Sogar in einem Universum ohne Wunder kann man angesichts einer zutiefst einfachen zugrunde liegenden Ordnung in jedem Fall zu zwei verschiedenen Schlüssen kommen. Der eine, den Newton selbst zog und den zuvor Galilei und im Lauf der Jahre eine Menge anderer Wissenschaftler gezogen haben, lief darauf hinaus, dass eine solche Ordnung von einer göttlichen Intelligenz geschaffen wurde, die nicht allein für das Universum, sondern auch für unsere eigene Existenz verantwortlich ist. Zudem hat sie uns Menschen nach ihrem Ebenbild geschaffen, was für andere komplexe und schöne Lebewesen offenbar nicht galt. Der andere Schluss besagt, dass die Gesetze an sich alles sind, was existiert. Diese Gesetze selbst erfordern, dass unser Universum zu existieren begann, sich entwickelte und einer Evolution unterworfen ist – und wir sind ein unwiderrufliches Nebenprodukt dieser Gesetze. Diese Gesetze mögen ewig sein oder ebenfalls erst zu existieren begonnen haben – auch das wieder aufgrund eines noch unbekannten, aber möglicherweise rein physikalischen Vorgangs.

Philosophen, Theologen und gelegentlich Naturwissenschaftler diskutieren diese Möglichkeiten andauernd. Wir wissen nicht sicher, welche von ihnen unser Universum tatsächlich beschreibt, und vielleicht werden wir das auch nie erfahren. Wie ich eingangs betont habe, geht es aber darum, dass diese Frage letztlich nicht aufgrund von Hoffnung, Wünschen, Offenbarung oder reinem Denken beantwortet werden wird. Die Antwort wird, wenn überhaupt, aus einer Erkundung der Natur hervorgehen. Ob Traum oder Albtraum, wie Jacob Bronowski im Eröffnungszitat dieses Buches gesagt hat – und der Traum des einen kann in diesem Fall leicht der Albtraum eines anderen sein –, wir müssen entsprechend unserer Erfahrung leben, so wie sie ist, und das mit offenen Augen. Das Universum ist, wie es ist, ob uns das gefällt oder nicht.

Und hier ist es meiner Ansicht nach *äußerst bedeutsam*, dass ein Universum aus Nichts – in einem Sinn, den zu erörtern ich mich bemühen werde –, das auf natürliche und sogar unvermeidliche Weise entsteht, zunehmend besser mit allem übereinstimmt, was wir über die Welt erfahren haben. Diese Erfahrung entstammt *nicht* philosophischen oder theologischen Überlegungen über Moral oder anderen Spekulationen über das Wesen des Menschen und seine Bedingungen. Sie beruht vielmehr auf den bemerkenswerten und spannenden Entwicklungen in empirischer Kosmologie und Teilchenphysik, die ich geschildert habe.

Ich möchte also auf die Frage zurückkommen, die ich am Anfang gestellt habe: »Warum gibt es statt nichts überhaupt etwas?« Mittlerweile sind wir vermutlich besser dafür gerüstet, dieser Frage nachzugehen. Schließlich haben wir uns das moderne wissenschaftliche Bild des Universums, seine Geschichte und seine mögliche Zukunft ebenso angesehen wie nachvollziehbare Beschreibungen dessen, was »Nichts« eigentlich umfassen könnte. Wie eingangs ebenfalls erwähnt, ist auch diese Frage von der Wissenschaft aufgenommen worden – wie letztlich alle philosophischen Fragen dieser Art. Die Bedeutung der dabei verwendeten Begriffe, die keineswegs einen Rahmen bereitstellen, der uns die Forderung nach einem Schöpfer aufzwingen würde, hat sich so verändert, dass die Frage viel von ihrer ursprünglichen Bedeutung verloren hat. Das wiederum ist nicht ungewöhnlich, wenn empirisches Wissen neues Licht auf ansonsten finstere Ecken unserer Phantasie wirft.

Gleichzeitig müssen wir in der Naturwissenschaft besonders vorsichtig sein, wenn es um Fragen nach dem Warum geht. Wenn wir »warum« fragen, meinen wir gewöhnlich »wie«. Können wir Letzteres beantworten, reicht das in der Regel für unsere Zwecke aus. Beispielsweise könnten wir fragen, warum die Erde ungefähr 150 Millionen Kilometer von der Sonne entfernt ist, obwohl wir wahrscheinlich wissen wollen, wie es kommt, dass die Erde 150 Millionen Kilometer von der Sonne entfernt ist. Wir interessieren uns also für die physikalischen Vorgänge, die die Erde in ihre gegenwärtige Position gebracht haben. »Warum« lässt implizit an einen Sinn denken, und wenn wir uns bemühen, das Sonnensystem in wissenschaftlichen Begriffen zu verstehen, schreiben wir ihm normalerweise keinen Sinn zu.

Worauf diese Frage wirklich abzielt, fasse ich also so zusammen: »Wie kommt es, dass es statt nichts überhaupt etwas gibt?« Tatsächlich können wir bei der Untersuchung der Natur allein für Fragen nach dem »Wie« definitive Antworten liefern, doch weil sich die modifizierte Frage weit seltsamer anhört, möge man mir verzeihen, wenn ich gelegentlich in den Fehler verfalle, die anscheinend gängigere Formulierung zu erörtern, obwohl ich eigentlich auf die spezifischere Frage nach dem »Wie« antworten möchte.

Selbst hier, aus der Sicht des aktuellen *Verständnisses*, ist diese spezielle Frage nach dem »Wie« durch eine ganze Menge Fragen ersetzt worden, die in der Praxis mehr Resultate erwarten lassen. Dazu gehört die Frage, was jene Eigenschaften des Universums hervorgebracht haben könnte, die es heute besonders zutreffend charakterisieren, oder die vielleicht wichtigere Frage, wie wir das herausfinden können.

Hier möchte ich mich erneut mit etwas herumschlagen, was ich lieber als erledigt ansehen würde. Fragen in diesen Rahmen zu stellen, macht es möglich, neues Wissen und Verständnis hervorzubringen. Darin unterscheiden sie sich von rein theologischen Fragen, die in der Regel die Antwort vorab unterstellen. Tatsächlich habe ich mehrere Theologen aufgefordert, anhand von Beweisen das Postulat zu widerlegen, wonach die Theologie zumindest in den letzten 500 Jahren – seit den ersten Anfängen der Naturwissenschaften – nichts zum Wissen beigetragen hat. Bis heute hat noch keiner ein Gegenbeispiel vorgelegt. Das Beste, das ich je erhielt, war die Frage: »Was meinen Sie mit Wissen?« Aus epistemologischer Sicht mag das ein heikles Thema sein, aber ich bleibe dabei: Wenn es eine bessere Alternative gäbe, so wäre sie von irgendeinem vorgelegt worden. Hätte ich Biologen, Psychologen oder Historiker mit dieser Aufforderung konfrontiert – keiner von ihnen wäre so perplex gewesen.

Die Antworten auf diese Erfolg versprechenden Fragen enthalten theoretische Vorhersagen, die mit Experimenten abgeglichen werden können. Damit lässt sich unser praktisches Wissen vom Universum unmittelbarer voranbringen. Unter anderem deshalb habe ich mich in diesem Buch bisher auf solche fruchtbaren Fragen konzentriert. Dennoch ist die Frage »Etwas aus Nichts?« weiterhin sehr aktuell, weshalb wir uns wohl mit ihr auseinandersetzen müssen.

Ob man dem Universum nun irgendeine eigene Rationalität beimisst oder nicht – Newtons Arbeit verkleinerte die möglichen Bereiche für Gottes Handeln auf dramatische Weise. Newtons Gesetze schränkten nicht nur die Handlungsfreiheit einer Gottheit erheblich ein – sie machten auch vielfältige Voraussetzungen für übernatürliche Eingriffe überflüssig. Wie Newton erkannte, erfordert die Bewegung der Planeten um die Sonne nicht, dass sie auf ihrem Weg ständig angestoßen werden. Vielmehr ist es dazu notwendig, dass sie von einer in Richtung Sonne wirkenden Kraft angezogen werden (was der Intuition stark zuwiderläuft), weshalb keine Engel mehr erforderlich waren, die die Erde auf ihrem Weg geleiteten, wie man zuvor oft vorgebracht hatte. Dass diese spezielle Verwendung der Engel überflüssig wurde, hat sich zwar kaum auf die Bereitschaft der Menschen ausgewirkt, an sie zu glauben.* Doch fairerweise muss man sagen, der wissenschaftliche Fortschritt hat seit Newton dafür gesorgt, dass der Hand Gottes eher noch mehr Beschränkungen auferlegt wurden, sich in ihrem wortlos verstandenen Handwerk zu manifestieren.

Wir können die Evolution des Universums bis zurück zu

* Umfragen lassen darauf schließen, dass in den USA weit mehr Menschen an Engel glauben als an die Evolution.

den ersten Momenten des Big Bang beschreiben, ohne dazu irgendetwas Besonderes zu benötigen, was über die bekannten physikalischen Gesetze hinausgeht, und wir haben auch die wahrscheinliche zukünftige Geschichte des Universums dargestellt. Sicherlich gibt uns das Universum bislang noch ungelöste Rätsel auf, doch ich gehe davon aus, dass die Leser dieses Buches nicht dem Modell vom »Gott der Lücken« anhängen. Bei diesem Modell wird Gott immer dann ins Spiel gebracht, wenn unsere Beobachtungen etwas ergeben, was rätselhaft oder nicht umfassend verstanden erscheint. Selbst Theologen räumen ein, dass ein solcher Rückgriff nicht nur die Großartigkeit ihres höchsten Wesens herabsetzt – er setzt dieses Wesen auch der Gefahr aus, ganz abgesetzt oder weiter an den Rand gedrängt zu werden, wann immer das Rätsel durch weitere Arbeiten erklärt oder aus der Welt geschafft wird.

In diesem Sinn steht das Argument »Etwas aus Nichts« für den Versuch, sich allein auf den ursprünglichen Akt der Schöpfung zu konzentrieren; es fragt, ob diese spezifische Frage jemals logisch vollständig und absolut zufriedenstellend einer wissenschaftlichen Erklärung zugänglich ist.

Angesichts unseres aktuellen Naturverständnisses kann diese Frage des »Etwas aus Nichts«, wie sich zeigt, in drei verschiedenen Bedeutungen gestellt werden. Auf jede einzelne Version kann man kurz antworten: »Ja, das ist ziemlich plausibel.« In der Folge werde ich alle drei ausführlicher erörtern; dazu werde ich zu erklären versuchen, warum oder besser wie – den Grund dafür habe ich eben genannt – das abläuft.

Die Metapher von Ockhams Rasiermesser besagt, dass wir, wenn ein bestimmtes Ereignis physikalisch plausibel ist, für seine Existenz keine ausgefalleneren Behauptungen mehr suchen müssen. Die Forderung nach einer allmächtigen Gottheit, die irgendwie außerhalb unseres Universums oder Multiversums existiert und zugleich alles steuert, was in seinem Inneren geschieht, ist ganz sicher eine solche Behauptung. Deshalb sollte auf sie nicht zuerst, sondern zuletzt zurückgegriffen werden.

Wie ich in der Vorbemerkung bereits vorgebracht habe, ist die bloße Definition von »Nichtsein« als »nicht existierend« kein hinreichender Grund, der Physik und allgemeiner der Naturwissenschaft zu unterstellen, sie seien kein angemessener Ansprechpartner für diese Frage. Dem möchte ich noch ein weiteres, spezifischeres Argument hinzufügen. Nehmen wir ein Paar aus Positron und Elektron, das spontan aus dem leeren Raum in der Nähe eines Atomkerns auftaucht und die Eigenschaften des Atoms für die kurze Zeit seiner Existenz beeinflusst. In welchem Sinn gab es das Elektron oder Positron zuvor? Nach jeder vernünftigen Definition existierten sie zuvor sicherlich nicht. Gewiss war das Potenzial für ihre Existenz vorhanden, doch damit ist kein *Sein* definiert – schließlich existiert auch kein potenzieller Mensch, weil ich in meinen Hoden Sperma in die Nähe einer Frau bringe, die ihren Eisprung hat, und wir uns vielleicht paaren könnten. Die beste Antwort auf die Frage, wie es wohl wäre, tot zu sein (also nicht zu sein), ergibt sich tatsächlich aus der Vorstellung, wie es sich wohl angefühlt haben mag, ehe man gezeugt wurde. Wäre potenzielle Existenz dasselbe wie Existenz, dann wäre Masturbation heutzutage – dessen bin ich mir sicher – zumindest in den USA ein ebenso heftig umstrittenes juristisches Thema wie die Abtreibung.

Das von mir geleitete Origins Project an der Arizona State University veranstaltete kürzlich einen Workshop zu den Ursprüngen des Lebens, und es bleibt mir nichts anderes übrig, als die derzeitige kosmologische Debatte in diesem Kontext zu sehen. Wie das Leben auf der Erde entstanden ist, verstehen wir noch nicht vollständig. Wir kennen jedoch nicht nur plausible chemische Mechanismen, mit denen das vorstellbar sein könnte, sondern wir kommen täglich näher an spezielle Wege heran, auf denen es Biomolekülen einschließlich der RNA möglich gewesen sein könnte, sich auf natürliche Weise zu bilden. Zudem liefert die auf natürlicher Selektion beruhende Evolutionslehre Darwins ein überzeugend präzises Modell dafür, wie auf diesem Planeten komplexes Leben entstehen konnte, nachdem irgendein spezifischer chemischer Vorgang die ersten sich zuverlässig selbst reproduzierenden Zellen hervorgebracht hatte – ausgestattet mit einem Stoffwechsel, der Energie aus der Umgebung entnehmen konnte.*

Darwin verwarf – wenn auch widerstrebend – die Notwendigkeit eines göttlichen Eingreifens in die Evolution der modernen, in allen Winkeln des Planeten vor Leben wimmelnden Welt, hielt dabei aber die Möglichkeit offen, dass Gott den ersten Formen Leben eingehaucht haben könnte. Ähnlich macht es unser aktuelles Verständnis des Universums, seiner Vergangenheit und seiner Zukunft plausibler, dass »etwas« aus Nichts hervorgehen kann, ohne dass dazu irgendeine göttliche Lenkung notwendig ist. Weil die Ausarbeitung der Details mit Schwierigkeiten bei der Beobachtung und der damit zusammenhängenden Theorie verbunden ist, gehe ich davon aus, dass wir in dieser Hinsicht niemals mehr

* Das ist die beste Definition für Leben, die ich im Augenblick bieten kann.

erreichen werden als Plausibilität. Doch in meinen Augen ist Plausibilität an sich schon ein gewaltiger Schritt nach vorn, wenn wir weiterhin den Mut aufbringen, ein sinnvolles Leben in einem Universum zu führen, das wahrscheinlich entstanden ist und vielleicht auch wieder verschwinden wird, ohne einen besonderen Zweck zu erfüllen, und in dem gewiss nicht wir im Mittelpunkt stehen.

Kehren wir nun zu einer der bemerkenswertesten Eigenschaften unseres Universums zurück: Seine Geometrie ist so präzise eben, wie wir überhaupt nur messen können. Erinnern wir uns an den einzigartigen Aspekt eines ebenen oder flachen Universums, zumindest in Größenordnungen, in denen es durch Materie in Form von Galaxien dominiert wird und wo eine Newton'sche Annäherung gültig bleibt: In einem flachen Universum – und nur dort – beträgt die durchschnittliche Newton'sche Gravitationsenergie eines jeden an der Expansion teilnehmenden Objekts genau null.

Ich betone, dass es sich dabei um ein falsifizierbares Postulat handelte. Es musste nicht so sein. Es gab nichts, was das erfordert hätte, abgesehen von theoretischen Spekulationen, die auf Vorstellungen von einem Universum beruhten, das auf natürliche Weise aus nichts oder zumindest aus *fast nichts* entstanden sein konnte.

Besonders wichtig ist hier die folgende Tatsache: Sobald wir die Gravitation in unsere Überlegungen zur Natur einbezogen haben, können wir weder die Gesamtenergie eines Systems beliebig definieren noch die Tatsache ignorieren, dass zu dieser Gesamtenergie sowohl positive als auch negative Beiträge existieren. Die Gesamt-Gravitationsenergie von Objekten, die von der Expansion des Universums getragen werden, kann *nicht* durch eine willkürliche Definition festgelegt werden, und auch die geometrische Krümmung des Universums ist keine Frage der Definition. Gemäß der Allgemeinen Relativität handelt es sich hier um eine Eigenschaft des Raums selbst, und diese Eigenschaft wird durch die in ihm enthaltene Energie bestimmt.

Ich sage das, weil man die Aussage, die durchschnittliche Newton'sche Gravitationsenergie jeder Galaxie in einem flachen, expandierenden Universum sei gleich null, als willkürlich bezeichnet und vorgebracht hat, jeder beliebige andere Wert sei ebenso gut, was bedeute, dass Wissenschaftler den Nullpunkt »definieren« würden, um gegen Gott zu argumentieren. Das jedenfalls behauptete Dinesh D'Souza in seinen Debatten mit Christopher Hitchens über die Existenz Gottes.

Nichts könnte weiter von der Wahrheit entfernt sein. Die Anstrengungen, mit denen man die Krümmung des Universums bestimmt hat, wurden während eines halben Jahrhunderts von Wissenschaftlern erbracht, die ihr Leben der Aufgabe gewidmet haben, die eigentliche Natur des Universums zu bestimmen, und denen nicht daran gelegen war, ihm ihre eigenen Wünsche aufzuzwingen. Nachdem die theoretischen Argumente, warum das Universum flach sein sollte, erstmals vorgelegt worden waren, haben meine Beobachterkollegen noch für geraume Zeit – während der 1980er und sogar noch während der frühen 1990er Jahre – daran gearbeitet, das Gegenteil zu beweisen. Denn in der Wissenschaft erzielt man schließlich die größte Wirkung (und oft auch die dicksten Schlagzeilen), wenn man nicht mit der Herde marschiert, sondern sich gegen sie stellt.

Wie auch immer – die Daten hatten das letzte Wort, und das letzte Wort ist gesprochen. Unser beobachtbares Universum ist so präzise eben, wie wir überhaupt messen können. Die

Newton'sche Gravitationsenergie der sich mit der Hubble-Expansion bewegenden Galaxien *ist gleich* null – ob einem das gefällt oder nicht.

Nun möchte ich darstellen, wie unter der Voraussetzung, dass unser Universum aus nichts hervorging, ein flaches Universum mit einer Gesamtgravitationsenergie gleich null für jedes Objekt genau das ist, was wir erwarten sollten. Die Argumentation ist ein wenig knifflig – kniffliger, als ich es in meinen populärwissenschaftlichen Vorträgen schildern konnte –, und so freut es mich, hier den Raum zu haben, sie ausführlich darzulegen.

Zunächst möchte ich klarstellen, welche Art von »Nichts« ich im Augenblick erörtere. Es handelt sich um die einfachste Version, nämlich den leeren Raum. Für den Moment gehe ich davon aus, dass der Raum existiert – in ihm befindet sich absolut nichts, und die Gesetze der Physik existieren ebenfalls. Noch einmal: Mir ist klar, dass diese Version des Nichts nichts bringt, wenn es um die revidierten Fassungen des Nichts geht, die verbreitet werden von jenen, die das Wort fortwährend umdefinieren wollen, damit keine wissenschaftliche Definition anwendbar ist. Ich habe jedoch den Verdacht, dass der leere Raum zu den Zeiten von Platon und Thomas von Aquin, als sie überlegten, warum es statt nichts überhaupt etwas gibt, wahrscheinlich eine gute Annäherung an das war, worüber sie nachdachten.

Wie in Kapitel 6 gesehen, hat Alan Guth präzise dargelegt, wie wir aus dieser Art von Nichts etwas erhalten können – die ultimative Gratismahlzeit. Leerer Raum kann mit einer Energie ungleich null einhergehen, selbst wenn keinerlei Materie oder Strahlung vorhanden sind. Wie uns die Allgemeine Relativität lehrt, wird Raum sich exponentiell ausdehnen, sodass selbst die winzigste Region der Frühzeit rasch eine Größe annehmen kann, die mehr als ausreicht, um unser gesamtes heute sichtbares Universum zu enthalten.

Wie ich im gleichen Kapitel dargestellt habe, wird während einer solchen Expansion die Region, die schließlich unser Universum umfassen wird, immer flacher werden, selbst wenn die im leeren Raum enthaltene Energie mit dem Wachsen des Universums zunimmt. Dieses Phänomen ergibt sich, ohne dass dazu irgendein Hokuspokus oder eine wundersame Intervention erforderlich wäre. Das ist möglich, weil der mit der Energie im leeren Raum zusammenhängende gravitative »Druck« letztlich negativ ist. Dieser »negative Druck« impliziert, dass die Expansion während der Ausdehnung des Universums sogar Energie *in den* Raum entlädt und nicht umgekehrt.

Diesem Modell zufolge wird die im leeren Raum gespeicherte Energie mit dem Ende der Inflation in die Energie von realen Teilchen und in Strahlung umgewandelt, was tatsächlich den beobachtbaren Anfang unserer gegenwärtigen Expansion aus dem Big Bang heraus hervorbringt. Ich spreche von beobachtbarem Anfang, weil die Inflation jede Erinnerung an den Zustand des Universums vor seinem Anfang effektiv auslöscht. Alle komplexen Phänomene und Inhomogenitäten in ursprünglich großen Maßstäben* werden geglättet und/oder so weit jenseits unseres heutigen Horizonts getrieben, dass wir immer ein fast gleichförmiges Universum beobachten werden, wenn eine ausreichende inflationäre Expansion stattgefunden hat.

* Falls das erste vorher existierende Universum oder Metaversum groß war, könnten sie sogar unendlich groß gewesen sein.

Fast gleichförmig sage ich, weil die Quantenmechanik, wie ebenfalls in Kapitel 6 geschildert, immer einige Restfluktuationen geringer Dichte zurücklässt, die während der Inflation einfrieren. Daraus ergibt sich die zweite erstaunliche Implikation der Inflation: Aufgrund der Regeln der Quantenmechanik werden diese Fluktuationen geringer Dichte später für all die Strukturen verantwortlich sein, die wir heute im Universum beobachten. Wir und alles, was wir sehen, gehen also aus Quantenfluktuationen innerhalb eines Nichts in der Nähe des Anfangs der Zeit hervor, nämlich während der inflationären Expansion.

Nachdem sich aller Staub gelegt hat, wird die typische Konfiguration von Materie und Strahlung der eines im Wesentlichen flachen Universums entsprechen – eines Universums, in dem die durchschnittliche Newton'sche Gravitationsenergie aller Objekte gleich null zu sein scheint. Das wird immer der Fall sein, solange man den Betrag der Inflation nicht äußerst genau fein abstimmen kann.

Demnach kann unser beobachtbares Universum als mikroskopisch kleine Raumregion beginnen, die im Wesentlichen leer ist, und dennoch zu enormer Größe anwachsen sowie am Ende Unmengen an Materie und Strahlung enthalten. Und all das, ohne einen Tropfen Energie zu kosten, während Materie und Strahlung ausreichen, alles zu erklären, was wir heute sehen!

Ein Punkt aus diesem kurzen Abriss der in Kapitel 6 erörterten inflationären Dynamik ist es wert, besonders hervorgehoben zu werden: Aus dem leeren Raum kann *genau deshalb* etwas hervorgehen, weil die Energieverhältnisse des leeren Raums in Anwesenheit von Gravitation *nicht* das sind, was uns der gesunde Menschenverstand nahegelegt hätte, ehe wir die zugrunde liegenden Naturgesetze entdeckt haben.

Doch es hat auch nie jemand gesagt, das Universum sei durch das gelenkt, was wir in unseren armseligen und kurzsichtigen Ecken von Raum und Zeit vielleicht ursprünglich für vernünftig gehalten haben mögen. Gewiss erscheint es vernünftig, sich *a priori* vorzustellen, dass Materie nicht spontan aus leerem Raum hervorgehen kann, weshalb *Etwas* in diesem Sinn auch nicht aus dem *Nichts* entstehen kann. Wenn wir jedoch die Dynamik der Gravitation und der Quantenmechanik zulassen, erkennen wir, dass diese Erkenntnis des gesunden Menschenverstands nicht mehr gilt. Darin besteht die *Schönheit* der Wissenschaft, und sie sollte nicht als Gefahr erlebt werden. Die Wissenschaft zwingt uns lediglich, das zu überdenken, was im Hinblick auf das Universum vernünftig ist, und nicht umgekehrt.

Um es noch einmal zusammenzufassen: Die Beobachtung, nach der das Universum flach ist und die lokale Newton'sche Gravitationsenergie heute letztlich bei null liegt, ist ein starker Hinweis darauf, dass unser Universum durch einen Vorgang wie etwa eine Inflation entstanden ist. Also durch einen Prozess, in dem die Energie des leeren Raums (Nichts) in die Energie von etwas verwandelt wird – während einer Zeit, in der das Universum immer näher an den Punkt gebracht wird, an dem es auf allen beobachtbaren Skalen im Wesentlichen exakt flach oder eben ist.

Während die Inflation vorführt, wie leerer, mit Energie versehener Raum in der Tat zusammen mit einem unglaublich großen und flachen Universum alles hervorbringen kann, was wir sehen, wäre es unredlich vorzuschlagen, dass der mit Energie versehene leere Raum, der die Inflation antreibt, tatsächlich *Nichts* ist. In diesem Modell muss man davon ausgehen, dass der Raum existiert und in seinem Inneren Energie speichern kann; mithilfe der physikalischen Gesetze wie etwa der Allgemeinen Relativität berechnen wir dann die Konsequenzen. Würden wir an dieser Stelle aufhören, wäre die Behauptung gerechtfertigt, die moderne Wissenschaft sei weit davon entfernt, sich wirklich der Frage anzunehmen, wie man aus nichts etwas bekommt. Doch das ist nur der erste Schritt. Wenn wir unser Verständnis erweitern, werden wir als Nächstes sehen, dass die Inflation einfach nur die Spitze eines kosmischen Eisbergs des Nichts ausmachen kann.

10. Kapitel

Das Nichts ist instabil

Fiat iustitia, ruat caelum.
(Der Gerechtigkeit soll Genüge getan werden,
und wenn darüber der Himmel einstürzt.)

Altes römisches Sprichwort

Dass es im leeren Raum Energie gibt – diese Entdeckung hat unser kosmologisches Universum erschüttert und bildet das Fundament der Inflation –, bestärkt nur eine Einsicht in die Quantenwelt, die im Zusammenhang mit hier bereits geschilderten Laborexperimenten schon gut etabliert war. Der leere Raum ist kompliziert. Er zeigt sich als brodelndes Gebräu virtueller Teilchen, die in so kurzer Zeit entstehen und wieder vergehen, dass wir sie nicht direkt beobachten können.

In virtuellen Teilchen manifestiert sich eine Grundeigenschaft von Quantensystemen. Im Zentrum der Quantenmechanik steht eine Regel, von der sich gelegentlich auch Politiker und Vorstandsvorsitzende leiten lassen – solange keiner zusieht, ist alles erlaubt. Systeme bewegen sich ständig zwischen allen möglichen Zuständen (wenn auch jeweils nur für kurze Momente), was auch jene einschließt, die nicht erlaubt wären, wenn man das System tatsächlich messen würde. Diese »Quantenfluktuationen« implizieren ein wesentliches Merkmal der Quantenwelt: Das *Nichts* ist instabil. Das Nichts bringt ständig etwas hervor, wenn auch nur für einen Augenblick.

Doch genau da liegt das Problem. Die Erhaltung der Energie sagt uns, dass Quantensysteme sich nur eine gewisse Zeit lang danebenbenehmen können. Es ist ähnlich wie bei betrügerischen Derivatehändlern: Erfordert der Zustand, in den ein System fluktuiert, dass eine gewisse Energie aus dem Vakuum eingeschmuggelt wird, dann muss das System diese Energie in so kurzer Zeit erstatten, dass keiner, der das System misst, etwas davon mitbekommen kann.

Demzufolge meint man vielleicht, mit Recht sagen zu dürfen, dass dieses von Quantenfluktuationen erzeugte »Etwas« ein ephemeres Phänomen sei – nicht messbar, anders als etwa Sie oder ich oder die Erde, auf der wir leben. Doch auch dieses flüchtige Geschöpf ist den Bedingungen unterworfen, die mit unseren Messungen verknüpft sind. Nehmen wir beispielsweise das von einem geladenen Objekt ausgehende elektrische Feld. Es ist eindeutig real. Man kann die Kraft der statischen Elektrizität im Haar spüren oder beobachten, wie ein Ballon an der Wand haften bleibt. Die Quantentheorie des Elektromagnetismus legt indessen nahe, das statische Feld sei darauf zurückzuführen, dass die an der Erzeugung des Feldes beteiligten Teilchen virtuelle Photonen emittieren, deren Gesamtenergie im Wesentlichen null beträgt. Weil diese virtuellen Teilchen null Energie besitzen, können sie sich durch das Universum ausbreiten, ohne zu verschwinden, und das Feld, das aus der Überlagerung vieler dieser Teilchen herrührt, ist so real, dass man es spüren kann.

Gelegentlich sind die Bedingungen so, dass reale, massive Teilchen ungestraft aus dem Vakuum des leeren Raums auftauchen können. Beispielsweise kann man zwei geladene Platten einander annähern – sobald das elektrische Feld zwischen ihnen hinreichend stark wird, wird es für ein reales Paar aus einem Teilchen und einem Antiteilchen energetisch vorteilhaft, aus dem Vakuum »aufzutauchen«. Die negative Ladung bewegt sich dann zur positiv geladenen, die positive Ladung zur negativ geladenen Platte. Dadurch wird die Ladung jeder Platte und folglich auch das elektrische Feld verringert, und die daraus resultierende Reduktion der Energie kann größer sein als die Energie, die mit der zur Erzeugung von zwei realen Teilchen erforderlichen Energie der Ruhemasse verbunden ist. Selbstverständlich muss die Feldstärke riesig sein, damit solche Bedingungen überhaupt möglich sind.

Es gibt einen Ort, an dem starke Felder einer anderen Art ein Phänomen zulassen könnten, das dem eben beschriebenen ähnelt – in diesem Fall jedoch aufgrund der Gravitation. Es war diese Einsicht, die Stephen Hawking 1974 unter Physikern berühmt machte; er zeigte, dass Schwarze Löcher, aus denen – zumindest unter Ausschluss quantenmechanischer Überlegungen – nichts mehr entkommen kann, physikalische Teilchen abstrahlen.

Es gibt viele verschiedene Ansätze, dieses Phänomen zu verstehen, doch einer davon gleicht auffällig der Situation, die ich oben für elektrische Felder dargestellt habe. Außerhalb des Zentrums Schwarzer Löcher befindet sich der sogenannte Ereignishorizont. Innerhalb dieses Radius kann in klassischer Sicht kein Objekt entkommen, weil die Fluchtgeschwindigkeit die Lichtgeschwindigkeit übersteigt. Demnach wird sogar das innerhalb dieser Zone emittierte Licht nicht aus dem Ereignishorizont entweichen.

Stellen wir uns nun ein Paar aus einem Teilchen und einem Antiteilchen vor, das aufgrund von Quantenfluktuationen in diesem Bereich unmittelbar außerhalb des Ereignishorizonts aus dem Vakuum auftaucht. Wenn eines dieser beiden in den Ereignishorizont stürzt, so ist es möglich, dass es durch den Sturz in das Schwarze Loch einen Betrag an Gravitationsenergie verliert, der die Ruhemasse des anderen Teilchens um das Doppelte übersteigt. Das heißt, das Partnerteilchen kann ins Unendliche davonfliegen und beobachtet werden, ohne dass gegen die Energieerhaltung verstoßen würde. Die mit dem abgestrahlten Teilchen verbundene positive Gesamtenergie wird durch den Energieverlust des ins Schwarze Loch fallenden Partnerteilchens mehr als wettgemacht. Deshalb kann das Schwarze Loch Teilchen abstrahlen.

Die Situation ist jedoch noch interessanter, und zwar genau deshalb, weil die vom abstürzenden Teilchen verlorene Energie größer ist als die mit seiner Ruhemasse verbundene positive Energie. Denn das führt dazu, dass beim Hineinfallen das Gesamtsystem aus Schwarzem Loch und Teilchen weniger Energie enthält als vor dem Absturz des Teilchens! Das Schwarze Loch wird also, wenn das Teilchen hineinstürzt, um einen Betrag *leichter*, welcher der von dem entweichenden abgestrahlten Teilchen davongetragenen Energie entspricht. Am Ende kann das Schwarze Loch sich vielleicht sogar vollständig in Strahlung auflösen. Über diesen Punkt wissen wir nichts, weil die finalen Stadien der Verdampfung Schwarzer Löcher eine Physik auf so kleinen Entfernungsskalen einschließen, dass die Allgemeine Relativität allein nichts über das Endstadium aussagen kann. Auf diesen Skalen muss die Gravitation als vollständige quantenmechanische Theorie behandelt werden, und unser aktuelles Verständnis der Allgemeinen Relativität reicht nicht aus, um genau zu bestimmen, was geschehen wird.

Dessen ungeachtet implizieren diese Erscheinungen, dass unter passenden Bedingungen nichts nicht nur zu etwas wird, sondern dass es sogar notwendig ist.

In der Kosmologie stammt ein frühes Beispiel für die Tatsache, dass das »Nichts« instabil sein und etwas formen kann, aus den Bemühungen um ein Verständnis, warum wir in einem Universum der Materie leben.

Vermutlich wacht niemand morgens auf und macht sich als Erstes darüber Gedanken, doch die Tatsache, dass unser Universum Materie enthält, ist bemerkenswert. Besonders beachtlich daran ist, dass es, soweit wir das sagen können, keine nennenswerten Mengen an Antimaterie enthält. Wir erinnern uns: Quantenmechanik und Relativität zufolge muss es sie geben, sodass für jedes in der Natur bekannte Teilchen ein entsprechendes Antiteilchen mit entgegengesetzter Ladung und gleicher Masse existieren kann. Man sollte also meinen, dass jedes vernünftige Universum anfangs gleiche Mengen beider Arten enthält. Denn schließlich besitzen die Antiteilchen der normalen Teilchen die gleiche Masse und ähnliche andere Eigenschaften – wenn also in der Frühzeit Teilchen entstanden sind, hätten ebenso leicht Antiteilchen entstehen können.

Alternativ dazu könnten wir uns sogar ein Antimaterie-Universum vorstellen, in dem alle Teilchen, aus denen Sterne und Galaxien bestehen, durch ihre Antiteilchen ersetzt wären. Ein solches Universum würde fast exakt mit dem übereinstimmen, in dem wir leben. Beobachter in einem derartigen Universum (die selbst aus Antimaterie bestünden) würden das, was wir Antimaterie nennen, zweifellos als Materie bezeichnen. Der Name ist beliebig austauschbar.

Wenn aber unser Universum ausgewogen mit gleichen Mengen von Materie und Antimaterie begonnen hätte und so geblieben wäre, gäbe es uns nicht, und keiner würde »warum« oder »wie« fragen. Denn im frühen Universum hätten die Teilchen der Materie und die der Antimaterie einander vernichtet und nichts als pure Strahlung zurückgelassen. Es wäre keine Materie oder Antimaterie verblieben, um Sterne oder Galaxien zu bilden – oder Liebende und Antiliebende, die eines Tages hinausblicken, einander in den Armen liegen und vom Schauspiel des Nachthimmels überwältigt sein könnten. Kein Drama. Die Geschichte bestünde vielmehr aus Leere – ein sich allmählich abkühlendes Bad aus Strahlung, das am Ende zu einem kalten, finsteren und trostlosen Universum würde. Das Nichts wäre unumschränkter Herrscher.

Doch in den 1970er Jahren begannen die Wissenschaftler zu verstehen, dass es möglich ist, mit gleichen Mengen von Materie und Antimaterie in einem frühen, heißen und dichten Big Bang anzufangen. Dann konnten plausible Quantenprozesse im frühen Universum eine kleine Asymmetrie mit einem geringen Überschuss von Materie über Antimaterie erzeugen und so »aus nichts etwas hervorbringen«. Anstelle einer vollständigen Vernichtung von Materie und Antimaterie, bei der heute nichts als Strahlung übrig geblieben wäre, hätte sich so die gesamte vorhandene Antimaterie im frühen Universum mit Materie vernichten können, während für den geringen Überschuss an Materie keine vergleichbare Menge an Antimaterie zur gegenseitigen Vernichtung vorhanden gewesen wäre. Diese Restmaterie wäre übrig geblieben und hätte zu all der Materie geführt, welche die heute im Universum sichtbaren Sterne und Galaxien bildet.

Folglich könnte man ein ansonsten klein erscheinendes Ergebnis (die Bildung einer kleinen Asymmetrie in früher Zeit) fast als den Augenblick der Schöpfung betrachten. Denn sobald eine Asymmetrie zwischen Materie und Antimaterie entstanden war, konnte sie später durch nichts mehr aus der Welt geschafft werden. Die künftige Geschichte eines Universums voller Sterne und Galaxien war im Wesentlichen geschrieben. Im frühen Universum vernichteten sich Teilchen aus Antimaterie und Teilchen aus Materie; der verbleibende Überschuss hat bis heute überlebt und den Charakter des sichtbaren Universums geprägt, das wir kennen, lieben und bewohnen.

Selbst wenn die Asymmetrie im Verhältnis eins zu einer Milliarde bestünde, bliebe genug Materie übrig, um alles zu erklären, was wir heute im Universum sehen. Und tatsächlich war genau eine Asymmetrie im Verhältnis von eins zu einer Milliarde notwendig, denn für jedes Proton im Universum existieren in der Kosmischen Mikrowellen-Hintergrundstrahlung ungefähr eine Milliarde Photonen. Die Photonen der CMBR sind in diesem Modell das, was von der frühen Vernichtung von Materie und Antimaterie am Anfang der Zeit zurückgeblieben ist.

Derzeit fehlt eine definitive Darstellung, wie dieser Prozess im frühen Universum abgelaufen sein könnte, weil wir die Natur der mikrophysikalischen Welt in der Größenordnung, in der diese Asymmetrie wahrscheinlich entstanden ist, noch nicht umfassend und empirisch in allen Details bestimmt haben. Dennoch wurden aufgrund der derzeit besten Vorstellungen zu dieser Physik eine ganze Reihe verschiedener plausibler Szenarien erforscht. Auch wenn sie sich in den Einzelheiten unterscheiden, zeigen sie alle die gleichen allgemeinen Merkmale. Die mit Elementarteilchen im ursprünglichen Hitzebad verbundenen Quantenprozesse können ein leeres Universum – oder gleichermaßen ein ursprünglich symmetrisches Universum aus Materie und Antimaterie – fast unmerklich, aber unausweichlich in Richtung auf ein Universum treiben, das von Materie oder von Antimaterie beherrscht wird.

Doch falls es sich sowohl in die eine als auch in die andere Richtung hätte entwickeln können: War es dann nur einem durch die Umstände bedingten Zufall zu verdanken, dass unser Universum schließlich von Materie dominiert wurde? Stellen wir uns vor, wir stehen auf der Spitze eines hohen Berges und stolpern. Die Richtung, in die man fällt, ist nicht vorherbestimmt, sondern eher zufallsabhängig – je nachdem, in welche Richtung man schaut oder an welchem Punkt seiner Vorwärtsbewegung man strauchelt. Möglicherweise ist unser Universum in ähnlicher Weise beeinflusst worden, und auch wenn die Gesetze der Physik feststehen, wurde der tatsächliche Verlauf der Asymmetrie zwischen Materie und Antimaterie durch irgendeine zufällige Ausgangsbedingung in Gang gebracht – so wie beim Sturz auf dem Berg, wo das Gravitationsgesetz gilt und dafür sorgt, dass man fällt, während die Sturzrichtung auf einen Zufall zurückzuführen sein mag. In diesem Fall würde unsere Existenz wieder einmal ein durch die Umstände bedingter Zufall sein.

Von dieser Ungewissheit unabhängig ist jedoch die bemerkenswerte Tatsache, dass es für Quantenprozesse wegen einer Eigenschaft der zugrunde liegenden physikalischen Gesetze möglich ist, das Universum in eine Richtung zu treiben, die sich vom Zustand der Merkmalslosigkeit entfernt. Der Physiker Frank Wilczek, einer der ersten Theoretiker, die diese Möglichkeiten erforscht haben, hat mich darauf aufmerksam gemacht, dass er 1980 in einem Aufsatz im *Scientific American* zum Thema der Asymmetrie von Materie und Antimaterie im Universum genau die Worte benutzt hat, die ich weiter oben in diesem Kapitel verwendet habe. Nachdem er dargestellt hatte, wie auf der Basis unserer neuen Kenntnisse der Teilchenphysik eine Asymmetrie von Materie und Antimaterie im frühen Universum auf plausible Weise entstanden sein könnte, merkte er noch an, dass damit eine Möglichkeit gegeben war, über die Frage nachzudenken, warum es statt nichts überhaupt etwas gibt: Das *Nichts* ist instabil.

Wilczek wollte darauf hinaus, dass der gemessene Überschuss an Materie gegenüber Antimaterie auf den ersten Blick als Hindernis für die Vorstellung eines Universums erscheint, das aus einer Instabilität im Vakuum des leeren Raums hervorgehen könnte, wo das Nichts einen Big Bang erzeugte. Wenn die Asymmetrie nach dem Big Bang jedoch dynamisch entstehen konnte, war diese Barriere abgeräumt. Er formulierte es so:

> Man kann spekulieren, dass das Universum im symmetrischsten aller möglichen Zustände begann und dass in einem solchen Zustand keine Materie existierte; das Universum war ein Vakuum. Dazu existierte ein zweiter Zustand, und darin gab es Materie. Im zweiten Zustand lag eine geringfügig kleinere Symmetrie vor, aber auch ihre Energie war geringer. Schließlich tauchte ein kleiner Bereich mit weniger symmetrischer Phase auf und wuchs rasch an. Die mit dem Übergang freigesetzte Energie fand ihre Form in der Entstehung von Teilchen. Dieses Ereignis könnte man mit dem Big Bang gleichsetzen … Die Antwort auf die alte Frage, warum es statt nichts überhaupt etwas gibt, lautet dann, dass (das) »Nichts« instabil ist.

Doch bevor ich fortfahre, fallen mir erneut die Ähnlichkeiten auf, die sich zwischen der gerade geschilderten Asymmetrie von Materie und Antimaterie einerseits und der Diskussion ergeben, die wir im Verlauf unseres jüngsten Workshops über unser aktuelles Verständnis von der Natur des Lebens im Universum und dessen Ursprung geführt haben. Meine Worte lauteten anders, doch die grundsätzlichen Fragen sind bemerkenswert ähnlich: Welcher spezielle physikalische Vorgang in den frühen Zeiten der Erdgeschichte könnte zur Entstehung der ersten sich replizierenden Biomoleküle und des Stoffwechsels geführt haben? Ähnlich wie in der Physik während der 1970er Jahre haben wir im vergangenen Jahrzehnt unglaubliche Fortschritte erlebt. Beispielsweise lernten wir natürliche organische Pfade kennen, auf denen unter plausiblen Bedingungen Ribonukleinsäuren erzeugt werden können – diese RNA hat man lange Zeit für die Vorläufer unserer modernen, auf DNA beruhenden Welt gehalten. Bis vor Kurzem glaubte man, ein solcher direkter Pfad sei unmöglich, weshalb einige weitere Zwischenstufen eine entscheidende Rolle gespielt haben müssten.

Nun zweifeln nur wenige Biochemiker und Molekularbiologen daran, dass das Leben auf natürliche Weise aus Nichtleben hervorgehen kann, auch wenn die Details noch zu entdecken bleiben. Doch in der Debatte all dieser Möglichkeiten waren unsere Gespräche von einem gemeinsamen Subtext durchdrungen: War es notwendig, dass das Leben, das sich anfangs auf der Erde entwickelte, genau im Rahmen der heute bekannten Chemie entstand, oder gibt es viele verschiedene, ebenfalls funktionierende Möglichkeiten?

Einstein stellte sich einst eine Frage, die, wie er sagte, das Einzige betraf, was er über die Natur wirklich wissen wollte.

Ich gebe zu, es handelt sich um die am tiefsten reichende fundamentale Frage, die viele gern beantwortet hätten. Einstein sagte es so: »Ich möchte wissen, ob *Gott* [sic] bei der Erschaffung des Universums eine Wahl hatte.«

Ich habe das hervorgehoben, weil Einsteins Gott nicht der Gott der Bibel war. Einstein empfand angesichts der Existenz von Ordnung im Universum eine so tief reichende Verwunderung, dass er dieser Ordnung gegenüber eine spirituelle Verbindung spürte. In Anlehnung an Spinoza gab er ihr den Namen »Gott«. Mit der Frage meinte Einstein jedenfalls das Thema, das ich im Zusammenhang mit mehreren unterschiedlichen Beispielen geschildert habe: Sind die Naturgesetze einzigartig? Und gilt das auch für das von uns bewohnte Universum, das aus diesen einzigartigen Gesetzen hervorging? Wenn wir eine Kleinigkeit, eine Konstante oder eine Kraft auch nur geringfügig verändern – würde dann das ganze Gebäude einstürzen? Oder im biologischen Sinn gefragt: Ist die Biologie des Lebens einzigartig? Sind wir einzigartig im Universum? Diese überaus wichtige Frage werden wir weiter unten eingehender erörtern.

Während wir durch eine solche Debatte dazu veranlasst werden, Begriffe wie »Nichts« und »Etwas« weiter zu verfeinern und zu verallgemeinern, möchte ich auf einen Zwischenschritt in der Argumentation zugunsten einer unausweichlichen Entstehung von etwas zurückkommen.

Gemäß der bislang von mir vorgestellten Definition handelt es sich bei dem relevanten »Nichts«, aus dem unser beobachtetes Etwas hervorgeht, um das Vakuum des leeren Raums. Sobald wir aber zulassen, dass Quantenmechanik und Allgemeine Relativität sich verbinden, können wir diese Argumentation auf den Fall ausdehnen, dass der Raum selbst in die Existenz gezwungen wird.

Als Theorie der Gravitation ist die Allgemeine Relativität im Grunde eine Theorie von Raum und Zeit. Das heißt, wie eingangs gesagt, sie war die erste Theorie, die nicht nur die Dynamik von Objekten erfassen konnte, die sich im Raum bewegen, sondern auch erklären konnte, wie der Raum selbst sich entwickelt.

Wenn wir über eine Quantentheorie der Gravitation verfügten, liefe das also darauf hinaus, dass die Regeln der Quantenmechanik sich auf die Eigenschaften des Raums anwenden ließen und nicht nur auf die Eigenschaften von im Raum vorhandenen Objekten, wie das in der herkömmlichen Quantenmechanik der Fall ist.

Es erfordert einige Tricks, die Quantenmechanik so zu erweitern, dass sie diese Möglichkeit einschließt, doch die Formel, die Richard Feynman entwickelt hat und die zu einem modernen Verständnis geführt hat, wie Antiteilchen zustande kommen, ist für diese Aufgabe gut geeignet. Feynmans Verfahren orientieren sich an der entscheidenden Tatsache, die ich zu Beginn dieses Kapitels erwähnt habe: Quantenmechanische Systeme erkunden alle möglichen Trajektorien, während sie sich in der Zeit entwickeln – auch jene, die in der klassischen Interpretation verboten sind.

Um das zu erforschen, entwickelte Feynman eine Formel zur »Summenbildung über Pfade« (Feynman-Wegintegral), um damit Vorhersagen zu machen. Bei diesem Verfahren betrachten wir alle möglichen Pfade zwischen zwei Punkten, die ein Teilchen nehmen könnte. Jedem dieser Pfade weisen wir eine Wahrscheinlichkeit zu, die auf genau definierten Prinzipien der Quantenmechanik beruht, und bilden dann eine Summe über alle Pfade, um finale (probabilistische) Vorhersagen für die Bewegung von Teilchen zu treffen.

Als einer der ersten Wissenschaftler hat Stephen Hawking diese Vorstellung auf die mögliche Quantenmechanik der Raumzeit* angewandt. Feynmans Methoden hatten den Vorzug, mit der Fokussierung auf alle möglichen Pfade schließlich zeigen zu können, dass die Resultate nicht von den spezifischen Raum- und Zeitetiketten abhängig sind, die man jedem Punkt auf jedem Pfad anhängt. Weil verschiedene Beobachter in relativer Bewegung infolge der Relativität Entfernung und Zeit unterschiedlich messen und folglich jedem Punkt der Raumzeit unterschiedliche Werte zuschreiben, ist es besonders nützlich, über eine Formel zu verfügen, die unabhängig ist von den verschiedenen Etiketten, die verschiedene Beobachter jedem Punkt der Raumzeit zuweisen könnten.

Und am nützlichsten ist sie möglicherweise im Hinblick auf die Allgemeine Relativität, wo die spezifische Kennzeichnung von Punkten in Raum und Zeit vollständig beliebig wird. Denn hier messen verschiedene Beobachter an unterschiedlichen Punkten in einem Gravitationsfeld unterschiedliche Werte für Entfernungen und Zeiten, und das Verhalten von Systemen wird letztlich nur von geometrischen Größen wie der Krümmung bestimmt, die sich als unabhängig von allen solchen Etikettierungen erweisen.

Wie schon mehrfach angesprochen, ist die Allgemeine Relativität nicht vollständig mit der Quantenmechanik vereinbar, zumindest soweit wir das heute sagen können, weshalb es keine eindeutige Methode gibt, Feynmans Pfadintegralver-

* Die Vereinigung unserer drei Raumdimensionen mit einer Zeitdimension zu einem einheitlichen Raumzeitsystem, wie es von Einsteins Formel der Speziellen Relativitätstheorie gefordert wird.

fahren in der Allgemeinen Relativität zu definieren. Deshalb müssen wir zunächst einige auf Plausibilität beruhende Vermutungen anstellen und prüfen, ob die Ergebnisse einen Sinn ergeben.

Wir wollen also die Quantendynamik von Raum und Zeit betrachten. Dazu müssen wir uns vorstellen, dass wir in den »Summen« Feynmans jede mögliche Konfiguration ins Auge zu fassen haben, mit der die verschiedenen möglichen Geometrien zu beschreiben sind, die der Raum während der Zwischenstufen jedes einzelnen Vorgangs annehmen kann – dort herrscht die Quantenunbestimmtheit ohne Einschränkung. Das heißt, wir müssen Räume betrachten, die über kurze Entfernungen und kleine Zeitabschnitte* beliebig stark gekrümmt sind. Insofern würden diese merkwürdigen Konfigurationen dann nicht von großen klassischen Beobachtern betrachtet, wie wir es sind, wenn wir versuchen, die Eigenschaften des Raums über große Entfernungen und Zeitabschnitte zu messen.

Doch wir wollen uns noch seltsamere Möglichkeiten ansehen. Erinnern wir uns, dass in der Quantentheorie des Elektromagnetismus Teilchen beliebig aus dem Vakuum auftauchen können, solange sie innerhalb eines – vom Prinzip der Unbestimmtheit definierten – Zeitrahmens wieder verschwinden. Sollten wir also analog dazu in der Feynman'schen Quantensumme über mögliche Konfigurationen der Raumzeit in Erwägung ziehen, dass kleine, vielleicht kompakte Räume möglich sind, die ihrerseits aus dem Nichts auftauchen und wieder verschwinden? Oder allgemeiner gesagt: Was ist mit

* So klein und kurz, dass wir sie nicht messen können, was der Verrücktheit der Quanten freie Bahn lässt.

Räumen, die vielleicht »Löcher« enthalten oder »Henkel« – wie Schmalzkringel, die in die Raumzeit eintauchen?

Diese Fragen bleiben offen. Solange wir jedoch keinen guten Grund dafür angeben können, solche Konfigurationen aus der quantenmechanischen Summe auszuschließen, welche die Eigenschaften des sich entwickelnden Universums bestimmt (und derzeit kenne ich keinen solchen guten Grund), dann scheint es höchst vernünftig, diese Möglichkeiten ins Auge zu fassen. Denn dabei orientiert man sich an dem allgemeinen Prinzip, das meines Wissens überall sonst in der Natur gilt: Alles, was nicht ausdrücklich von den Naturgesetzen verboten ist, muss letztlich geschehen.

Wie Stephen Hawking betont hat, lässt eine Quantentheorie der Gravitation zu, dass der Raum selbst – wenn auch möglicherweise nur kurzzeitig – entsteht, wo zuvor nichts existiert hat. Obwohl er in seiner wissenschaftlichen Arbeit nicht versucht hat, sich des Rätsels von »Etwas aus Nichts« anzunehmen, ist dies genau die Frage, der sich die Quantengravitation letztlich widmen dürfte.

»Virtuelle« Universen* sind faszinierende theoretische Konstrukte, scheinen aber nicht zu erklären, wie langfristig etwas aus nichts hervorgehen kann, ebenso wenig wie die virtuellen Teilchen, die das ansonsten leere Vakuum des Raums bevölkern.

Wir sollten jedoch daran denken, dass ein reales elektrisches Feld ungleich null, das noch in großen Entfernungen von geladenen Teilchen gemessen werden kann, aus der

* Also die möglichen winzigen kompakten Räume, die ins Dasein springen und es wieder verlassen, und zwar auf einer so kleinen Zeitskala, dass wir sie nicht direkt messen können.

kohärenten, von der Ladung stammenden Emission vieler virtueller Photonen der Energie null hervorgehen kann. Das liegt daran, dass virtuelle Photonen der Energie null nicht gegen die Energieerhaltung verstoßen, wenn sie emittiert werden. Das Heisenberg'sche Unbestimmtheitsprinzip beschränkt sie demnach nicht darauf, nur für sehr kurze Zeiträume zu existieren, ehe sie wieder absorbiert werden müssen und im Nichts verschwinden.*

Ein ähnliches Argument deutet darauf hin, dass wir uns einen spezifischen Typus von Universum vorstellen können, der vielleicht spontan auftaucht und nicht wegen der Einschränkungen durch das Unbestimmtheitsprinzip und die Energieerhaltung wieder verschwinden muss. Und das wäre ein Universum mit der Gesamtenergie null.

Nun würde ich nichts lieber vorschlagen, als dass dieses Universum genau jenes ist, in dem wir leben. Das wäre der einfache Ausweg, doch hier bin ich eher daran interessiert, dem aktuellen Verständnis des Universums treu zu bleiben, anstatt scheinbar einfach und überzeugend für eine Entstehung aus dem Nichts zu plädieren.

* Noch einmal sei daran erinnert, dass gemäß dem Unbestimmtheitsprinzip Heisenbergs die Unbestimmtheit, mit der wir die Energie eines Teilchens messen, umgekehrt proportional zu dem Zeitraum ist, über den wir es beobachten – daher die Möglichkeit, dass seine Energie durch Emission oder Absorption virtueller Teilchen geringfügig verändert sein kann. Folglich können virtuelle Teilchen, die null Energie abtransportieren, das letztlich ungestraft tun – sie können also für beliebig lange Zeit existieren und beliebig weit reisen, ehe sie absorbiert werden ... was wiederum zur möglichen Existenz weitreichender Interaktionen zwischen geladenen Teilchen führt. Wäre das Photon nicht masselos, sodass Photonen aufgrund einer Ruhemasse stets Energie ungleich null mit sich führen, würde das Unbestimmtheitsprinzip Heisenbergs darauf hinauslaufen, dass das elektrische Feld nur kurze Reichweite besäße, weil Photonen sich dann nur für kurze Zeit ausbreiten könnten, ohne wieder absorbiert zu werden.

Ich hoffe, überzeugend dargelegt zu haben, dass die Newton'sche Gravitationsenergie eines jeden Objekts in unserem flachen Universum durchschnittlich gleich null ist. Und das ist der Fall. Doch das ist noch nicht alles. Die Gravitationsenergie entspricht nicht der Gesamtenergie eines beliebigen Objekts. Zu dieser Energie müssen wir noch seine mit der Ruhemasse zusammenhängende Ruheenergie addieren. Man kann es auch so ausdrücken: Wie wir erfahren haben, beträgt die Gravitationsenergie eines in Ruhe befindlichen, von allen anderen Objekten unendlich weit entfernten Objekts null. Denn wenn es sich nicht bewegt, besitzt es keine kinetische Energie, und wenn es unendlich weit von allen anderen Teilchen entfernt ist, liegt die auf andere Teilchen zurückzuführende Schwerkraft, die potenzielle Energie zum Verrichten von Arbeit bereitstellen könnte, letztlich ebenfalls bei null. Doch laut Einstein ist die Gesamtenergie des Objekts nicht allein der Schwerkraft geschuldet, sondern schließt auch die Energie ein, die mit seiner Masse zusammenhängt, weshalb die berühmte Formel $E = mc^2$ gilt.

Um diese Ruheenergie einzubeziehen, müssen wir von der Gravitation Newtons zur Allgemeinen Relativität übergehen, die definitionsgemäß die Effekte der Speziellen Relativität (und $E = mc^2$) in einer Theorie der Gravitation zusammenfasst. Und hier wird es sowohl komplizierter als auch verwirrender. Auf Skalen, die im Vergleich zur möglichen Krümmung eines Universums klein sind, und solange alle Objekte innerhalb dieser Größenordnungen sich im Vergleich zur Lichtgeschwindigkeit langsam bewegen, fällt die aus der Allgemeinen Relativität abgeleitete Version der Energie auf die uns vertraute Version Newtons zurück. Wenn diese Bedingungen jedoch erst einmal nicht mehr gelten, ist (fast) alles möglich.

Unter anderem besteht das Problem darin, dass Energie, wie wir sie normalerweise in der Physik auffassen, auf großen Skalen in einem gekrümmten Universum kein besonders gut definiertes Konzept ist. Wenn verschiedene Beobachter Koordinatensysteme unterschiedlich definieren, um den Punkten in Raum und Zeit die jeweils verschiedenen Etiketten zuzuweisen (das nennt man »unterschiedliche Bezugsrahmen«), so kann das in großen Maßstäben dazu führen, dass die Gesamtenergie des Systems jeweils abweichend bestimmt wird. Um diesen Effekt einbeziehen zu können, müssen wir das Energiekonzept verallgemeinern. Wenn wir außerdem die in jedem beliebigen Universum enthaltene Gesamtenergie definieren sollen, müssen wir überlegen, wie wir die Energie in Universen aufaddieren können, deren räumliche Ausdehnung vielleicht unendlich groß ist.

Es gibt eine Menge Diskussionen darüber, wie das genau zu bewerkstelligen sei. Die wissenschaftliche Literatur ist diesbezüglich voll von Behauptungen und Gegenbehauptungen.

Eines ist jedoch gewiss: Es gibt ein Universum, in dem die Gesamtenergie definitiv und genau null beträgt. Dabei handelt es sich aber nicht um ein flaches Universum, dessen räumliche Ausdehnung im Prinzip unendlich ist, und damit wird die Berechnung der Gesamtenergie problematisch. Es ist ein geschlossenes Universum – eines, in dem die Dichte von Materie und Strahlung ausreicht, um den Raum dazu zu bringen, sich in sich selbst zurückzuschließen. Wie gesagt, in einem geschlossenen Universum würde man, wenn man weit genug in eine Richtung schaute, schließlich den eigenen Hinterkopf erblicken!

Warum die Energie eines geschlossenen Universums null

beträgt, ist eigentlich ganz einfach zu erklären. Am besten stellt man sich das Ergebnis in Analogie zu der Tatsache vor, dass in einem geschlossenen Universum auch die elektrische Ladung gleich null sein muss.

Seit der Zeit Michael Faradays stellen wir uns die elektrische Ladung als Ausgangspunkt eines elektrischen Feldes vor – in der Ausdrucksweise moderner Quantenphysik ist es auf die Emission virtueller Photonen zurückzuführen. Bildlich gesprochen stellen wir uns »Feldlinien« vor, die radial von der Ladung ausgehen. Dabei ist die Zahl der Feldlinien proportional zur Ladung; die Richtung der Feldlinien weist bei positiven Ladungen auswärts, bei negativen einwärts:

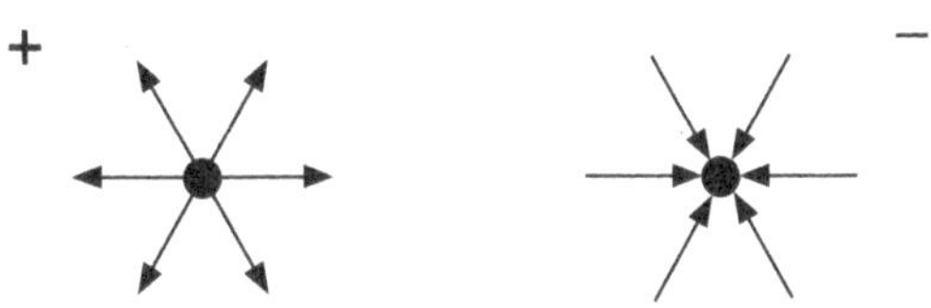

Wir stellen uns vor, diese Feldlinien würden in die Unendlichkeit hinaus verlaufen und sich mit zunehmender Entfernung immer weiter voneinander entfernen. Das impliziert, dass die Stärke des elektrischen Feldes immer weiter abnimmt. In einem geschlossenen Universum können die mit einer positiven Ladung verbundenen Feldlinien aber beispielsweise anfangs auseinanderlaufen, sich am Ende hingegen wie die irdischen Längengrade an den Polen am entfernten Ende des Universums wieder treffen. Wenn sie konvergieren, wird das Feld wieder stärker werden, bis genug Energie vorhanden ist, eine negative Ladung zu erzeugen, die die Feldlinien an diesem Antipoden-Punkt des Universums »fressen« kann.

Ein sehr ähnliches Argument, das in diesem Fall mit dem »Fluss« der Feldlinien zu tun hat, aber den »Fluss« der Energie in einem geschlossenen Universum betrifft, zeigt uns, dass die positive Gesamtenergie, einschließlich der mit den Ruhemassen von Teilchen zusammenhängenden Energie, durch eine negative Gravitationsenergie exakt kompensiert werden muss, sodass die Gesamtenergie genau null beträgt.

Wenn also die Gesamtenergie eines geschlossenen Universums gleich null und die Formel des Feynman-Wegintegrals anwendbar ist, dann könnten solche Universen quantenmechanisch ungestraft auftauchen, weil sie insgesamt keine Energie tragen. Ich möchte betonen, dass diese Universen vollkommen in sich geschlossene Raumzeiten wären und keine Verbindung zu unserem Universum hätten.

Allerdings gibt es da noch einen Haken. Ein geschlossenes expandierendes Universum voll Materie wird sich in der Regel bis zu einer Maximalgröße ausdehnen und dann genauso schnell wieder in sich zusammenfallen. Es wird in einer Singularität enden, wo dem Niemandsland der Quantengravitation derzeit nicht zu entnehmen ist, wie sein endgültiges Schicksal aussehen wird. Deshalb dürfte die typische Lebensspanne winziger geschlossener Universen im mikroskopischen Bereich liegen – vielleicht in der Größenordnung der Planck-Zeit als charakteristischer Skala für Vorgänge der Quantengravitation, was etwa 10^{-44} Sekunden ausmacht.

Doch es gibt einen Ausweg aus diesem Dilemma. Wenn in einem solchen Universum, ehe es kollabieren kann, die Konfiguration der darin enthaltenen Felder eine Periode der Inflation erzeugt, dann kann sogar ein anfangs winziges geschlossenes Universum sich rasch exponentiell ausdehnen. Dadurch nähert es sich während dieser Periode immer mehr einem unendlich großen, flachen Universum an. Nach ungefähr 100 Verdoppelungen einer solchen Aufblähung wird das Universum so flach geworden sein, dass es problemlos weit über die Lebenszeit unseres Universums hinaus erhalten bleiben könnte, ohne zu kollabieren.

Es gibt noch eine weitere Möglichkeit – sie versetzt mir immer einen nostalgischen (und neidischen) Stich, weil sie für mich eine wichtige Lehre darstellt. Als ich in Harvard als frischer Postdoktorand anfing, spielte ich mit der möglichen Quantenmechanik von Gravitationsfeldern herum und erfuhr von einem Ergebnis, das Ian Affleck, ein guter Freund aus der Graduiertenzeit, erzielt hatte. Dieser Kanadier, der während meiner Zeit am MIT seinen Abschluss in Harvard machte, kam einige Jahre vor mir zur Society of Fellows. Mithilfe der mathematischen Theorie Feynmans, die wir inzwischen dazu nutzen, mit Elementarteilchen und Feldern umzugehen (die sogenannte Quantenfeldtheorie), hatte er ausgerechnet, wie Teilchen und Antiteilchen in einem starken Magnetfeld erzeugt werden könnten.

Mir wurde klar, dass die von Affleck geschilderte Form der Lösung – etwas namens »Instanton« – sehr stark einem sich inflationär ausdehnenden Universum ähnelte, wenn man seine Formel auf den Fall der Gravitation anwandte. Allerdings sah es aus wie ein sich aufblähendes Universum, das aus dem Nichts begann! Ehe ich dieses Resultat für eine eventuelle Veröffentlichung niederschrieb, wollte ich in meiner Verwirrung für mich die Frage klären, welcher Physik eine solche mathematische Lösung wohl entsprechen könne. Schon bald erfuhr ich aber, dass, während ich noch darüber nachdachte, der sehr kreative, schon erwähnte Kosmologe Alexander Vilenkin (mit dem ich seitdem befreundet bin) einen Aufsatz verfasst hatte, in dem er darstellte, wie die Quantengravitation tatsächlich ein inflationär expandierendes Universum direkt aus dem Nichts hervorbringen könnte. Er war mir zuvorgekommen, doch ich konnte nicht sehr verärgert sein, weil ich (a) ehrlich gesagt gar nicht in allen Einzelheiten verstand, was ich da machte, und (b) Vilenkin kühn genug war, etwas vorzuschlagen, wozu ich damals nicht den Mut hatte. Seitdem habe ich begriffen, dass man nicht alle Implikationen seiner Arbeit verstehen muss, wenn man sie veröffentlichen will. Tatsächlich gibt es unter meinen eigenen Arbeiten einige, die ich erst viel später richtig verstand.

Wie dem auch sei: Während Stephen Hawking und sein Mitarbeiter Jim Hartle ein sehr unterschiedliches Modell vorgeschlagen haben, um die »Randbedingungen« für Universen festzulegen, die aus dem absoluten Nichts entstehen, sind hier die ausschlaggebenden Fakten aufgeführt:

1. In der Quantengravitation können Universen spontan aus dem Nichts auftauchen, und das werden sie tatsächlich immer tun. Solche Universen müssen nicht zwangsläufig leer sein, sondern können Materie und Strahlung enthalten, solange die Gesamtenergie einschließlich der mit Gravitation zusammenhängenden negativen Energie gleich null ist.
2. Damit geschlossene Universen, die durch solche Abläufe hervorgebracht werden könnten, länger als für mikroskopisch kurze Zeiten erhalten bleiben, ist so etwas wie Inflation erforderlich. Daraus folgt, dass das einzig langlebige Universum, dessen Existenz man in einem solchen Szenario erwarten sollte, heute als flach erscheinen müsste – genau wie das Universum, in dem wir leben.

Die Lektion ist eindeutig: Die Quantengravitation scheint nicht nur zuzulassen, dass Universen aus dem Nichts hervorgehen – was hier, wie ich betone, als Abwesenheit von Raum und Zeit zu verstehen ist –, sie könnte dies sogar erfordern. Das »Nichts« – in diesem Fall kein Raum, keine Zeit, kein gar nichts! – ist tatsächlich instabil.

Falls ein solches Universum lange existiert, sollte man hinsichtlich seiner allgemeinen Eigenschaften zudem erwarten, dass sie denen entsprechen, die wir in unserem Universum heute beobachten.

Beweist das, dass unser Universum aus dem Nichts entstanden ist? Natürlich nicht. Aber es bringt uns der Plausibilität eines solchen Szenarios einen ziemlich großen Schritt näher. Und es räumt einen weiteren der Einwände aus dem Weg, die man (wie im vorigen Kapitel geschildert) gegen das Argument einer Entstehung aus dem Nichts erheben könnte.

Dort war mit »Nichts« der leere, aber schon existierende Raum gemeint, der mit feststehenden und wohlbekannten physikalischen Gesetzen verbunden ist. Nun ist auch das Erfordernis des Raums aus der Welt geschafft.

Bemerkenswert ist aber, dass möglicherweise selbst die physikalischen Gesetze nicht notwendig oder erforderlich sind. Das werde ich im Folgenden erörtern.

11. Kapitel

Schöne neue Welten

Es war die beste aller Zeiten. Es war die schlimmste aller Zeiten.

Charles Dickens

Die Vorstellung einer Schöpfung ist mit einem zentralen Problem verknüpft: Anscheinend erfordert sie, dass zuvor ein Äußeres existiert – etwas, das außerhalb des Systems liegt und die notwendigen Bedingungen schafft, unter denen das System ins Dasein tritt. Hier kommt gewöhnlich die Vorstellung von Gott ins Spiel – als einer äußeren Instanz, die getrennt ist von Raum, Zeit und tatsächlich auch von der physischen Realität, weil die Geschichte schließlich irgendwo zu einem Ende kommen muss. In diesem Sinn erscheint mir *Gott* eher als eine ziemlich einfache semantische Lösung für die tiefgründige Frage nach der Schöpfung. Das lässt sich, meine ich, am besten im Zusammenhang mit einem nur wenig davon abweichenden Beispiel erläutern – dem Ursprung der Moral, ein Beispiel, das ich über meinen Freund Steven Pinker kennengelernt habe.

Ist die Moral eine uns von außen auferlegte Instanz, oder ist sie lediglich aus dem Zusammenhang unserer Biologie und unserer Umwelt abgeleitet und kann deshalb auf wissenschaftliche Weise bestimmt werden? Während einer von der

Arizona State University organisierten Debatte zu diesem Thema legte Pinker das folgende Rätsel vor.

Wenn man wie viele tief religiöse Menschen vorbringt, ohne Gott könne es kein endgültiges Richtig oder Falsch geben – das heißt, Gott legt für uns fest, was richtig oder falsch ist –, so kann man die Frage stellen, was denn wäre, wenn Gott verfügte, dass Vergewaltigung und Mord moralisch annehmbar seien. Wären diese Taten dann tatsächlich moralisch zu billigen?

Auch wenn so mancher mit Ja antworten dürfte, bin ich der Meinung, die meisten Gläubigen wären der Ansicht, dass Gott so etwas nicht verfügen würde. Aber warum nicht? Vermutlich, weil Gott irgendeinen Grund hätte, nichts in dieser Art zu erlassen. Das wiederum liegt wohl daran, dass die Vernunft nahelegt, Vergewaltigung und Mord seien moralisch nicht zu akzeptieren. Wenn Gott aber auf die Vernunft zurückgreifen müsste – warum sollte man dann den Vermittler nicht ganz aus dem Spiel lassen?

Eine ähnliche Argumentation lässt sich vielleicht auf die Entstehung unseres Universums anwenden. Alle Beispiele, die ich bislang geliefert habe, schließen tatsächlich ein, dass etwas hervorgegangen ist aus dem, was man als Nichts zu bezeichnen versucht ist, wohingegen die *Regeln*, also die Gesetze der Physik, vorgegeben sind. Woher kommen diese Regeln?

Es gibt zwei Möglichkeiten. Entweder sie werden von Gott oder einem göttlichen, nicht an die Regeln gebundenen und außerhalb von ihnen existieren Wesen festgelegt (entweder aufgrund einer Laune oder in bestimmter Absicht), oder sie gehen aus einem weniger übernatürlichen Ablauf hervor.

Wenn man annimmt, Gott bestimme die Regeln, so ergibt

sich das Problem, dass man zumindest fragen kann, was oder wer die Regeln für Gott festgelegt hat. Darauf erhält man gewöhnlich die Antwort, Gott sei – neben seinen vielen anderen spektakulären Merkmalen – die *Ursache aller Ursachen*, wie es die römisch-katholische Kirche formuliert, oder die *Erste Ursache* (so Thomas von Aquin) oder in der Sprache des Aristoteles der *Erste Beweger*.

Interessant ist, dass Aristoteles das mit einer Ersten Ursache verknüpfte Problem erkannte und deshalb zu dem Schluss kam, das Universum müsse ewig sein. Zudem musste Gott, den er als reines, in sich selbst aufgehendes Denken ansah, dessen Liebe den Ersten Beweger veranlasste, die Bewegung anzustoßen, auch selbst ewig sein; er verursachte die Bewegung nicht dadurch, dass er sie erschuf, sondern legte vielmehr den finalen Zweck der Bewegung fest, der seinerseits, wie Aristoteles meinte, ewig zu sein hatte.

Aristoteles hatte den Eindruck, eine Gleichsetzung der *Ersten Ursache* mit Gott sei alles andere als zufriedenstellend. Tatsächlich meinte er, die Vorstellung Platons von einer Ersten Ursache sei falsch, besonders weil Aristoteles der Meinung war, jede Ursache müsse einen Vorläufer haben – daher die Forderung, das Universum müsse ewig sein. Übernimmt man dagegen die Ansicht, Gott sei die Ursache aller Ursachen und deshalb ewig, selbst wenn das für unser Universum nicht gilt, so gelangt die Aneinanderreihung von Warum-Fragen als *reductio ad absurdum* in der Tat an ein Ende. Das geschieht allerdings, wie ich betont habe, nur um den Preis, dass man eine bemerkenswerte, allmächtige Wesenheit einführen muss, für die es einfach keinen weiteren Beleg gibt.

Was das angeht, ist hier noch ein weiterer wichtiger Punkt

hervorzuheben. Die augenscheinlich logische Notwendigkeit einer Ersten Ursache ist für jedes Universum, das einen Anfang hat, ein reales Thema. Folglich lässt sich eine solche deistische Sicht der Natur nicht allein auf logischer Basis ausschließen. Doch selbst in diesem Fall ist es entscheidend, sich klarzumachen, dass bei dieser Gottheit keine logische Verbindung zu den personalen Gottheiten der großen Weltreligionen existiert – trotz der Tatsache, dass sie oft zu ihrer Rechtfertigung herangezogen wird. Ein Deist, der sich veranlasst sieht, nach irgendeiner übergeordneten Intelligenz zu suchen, die in der Natur Ordnung hervorbringt, wird durch die gleiche Logik im Allgemeinen noch nicht zum personalen Gott der Schriften hingezogen werden.

Diese Fragen sind über Jahrtausende hinweg erörtert und debattiert worden – von brillanten und nicht ganz so brillanten Köpfen, wobei viele der Letzteren mit diesen Erörterungen ihren Lebensunterhalt bestreiten. Mittlerweile können wir uns diesen Fragen wieder zuwenden, weil wir aufgrund unseres Wissens über die Natur der physischen Realität einfach besser informiert sind. Weder Aristoteles noch Thomas von Aquin wussten etwas von der Existenz unserer Galaxie und erst recht nichts vom Big Bang oder der Quantenmechanik. Daher müssen die Fragen, mit denen sie und spätere Philosophen des Mittelalters sich auseinandersetzten, im Licht neuer Erkenntnisse gedeutet und verstanden werden.

Sehen wir uns beispielsweise – im Licht unseres neuen kosmologischen Modells – Aristoteles' These an, dass es keine Ersten Ursachen gibt, oder vielmehr, dass Ursachen tatsächlich in alle Richtungen unendlich weit nach rückwärts (und vorwärts) reichen. Es gibt keinen Anfang, keine Schöpfung, kein Ende.

Soweit ich bislang dargestellt habe, wie etwas fast immer aus einem »Nichts« hervorgehen kann, habe ich mich entweder darauf konzentriert, dass etwas aus einem bereits vorhandenen leeren Raum hervorgeht oder dass der leere Raum aus absolut keinem Raum entsteht. Für mich funktionieren beide Ausgangsbedingungen, wenn ich sie mir als »Abwesenheit eines Seienden« vorstelle, was sie zu möglichen Kandidaten für das Nichts macht. Nicht angesprochen habe ich jedoch die Frage, was, wenn überhaupt, vor einer solchen Entstehung existiert haben könnte – welche Gesetze also diese Entstehung gelenkt haben. Allgemeiner ausgedrückt, ich habe nicht erörtert, was manche als die Frage der Ersten Ursache ansehen dürften. Eine simple Antwort lautet selbstverständlich, dass entweder das Vakuum des leeren Raums oder das tiefer liegende Nichts, aus dem der leere Raum vielleicht hervorgegangen ist, schon vorher existiert hat und ewig ist. Fairerweise ist aber zu sagen, dass dies die mögliche (aber vielleicht nicht zu beantwortende) Frage aufwirft, was denn, wenn überhaupt, die Regeln festgelegt haben könnte, durch die eine solche Entstehung gesteuert wurde.

Eines ist jedoch gewiss. Für die metaphysische »Regel« – von der diejenigen, mit denen ich das Thema der Schöpfung diskutiert habe, eisern überzeugt sind –, dass »aus Nichts nichts kommt«, gibt es keine wissenschaftliche Begründung. Wer vorbringt, sie sei offensichtlich, unerschütterlich und unangreifbar, argumentiert ähnlich wie Darwin, als er fälschlicherweise vortrug, der Ursprung des Lebens liege außerhalb des Reichs der Wissenschaft, und diese Aussage durch eine unzutreffende Analogie mit der falschen Behauptung begründete, Materie könne nicht erschaffen oder vernichtet werden. Diese »Regel« steht allein für den fehlenden Willen, die simple Tatsache anzuerkennen, dass die Natur möglicherweise cleverer ist als Philosophen oder Theologen.

Wer argumentiert, dass aus einem Nichts nichts hervorgehen könne, scheint sich zudem vollkommen mit der weltfernen Vorstellung zufriedenzugeben, dass Gott diesen Sachverhalt irgendwie umgehen kann. Doch ich wiederhole es: Wenn jemand verlangt, die Vorstellung eines echten Nichts erfordere, dass nicht einmal das *Potenzial* für die Existenz vorhanden sei, dann kann Gott seine Wunder ganz sicher nicht bewirken, denn wenn er aus der Nichtexistenz tatsächlich Existenz verursacht, dann muss das Potenzial für diese Existenz vorhanden gewesen sein. Einfach nur zu argumentieren, Gott könne bewirken, wozu die Natur nicht imstande sei, läuft darauf hinaus, dass *übernatürliches* Potenzial für die Existenz sich irgendwie vom regulären natürlichen Potenzial für die Existenz unterscheidet. Doch das scheint eine willkürliche semantische Unterscheidung zu sein – ausgedacht von denen, die schon vorab (wie man es von Theologen kennt) beschlossen haben, dass das Übernatürliche (also Gott) existieren muss, worauf sie ihre philosophischen Ideen (auch diese vollkommen abgelöst von jeglicher empirischen Basis) dahingehend definieren, dass alles außer der Möglichkeit Gottes ausgeschlossen ist.

Will man einen Gott postulieren, der dieses Rätsel lösen könnte, so läuft die Behauptung, wie ich schon mehrfach betont habe, häufig darauf hinaus, dass Gott notwendigerweise außerhalb des Universums existieren müsse und entweder zeitlos oder ewig sei.

Unser modernes Verständnis des Universums bietet hingegen eine andere plausible und, wie ich meine, erheblich physikalischer geprägte Lösung für dieses Problem. Sie weist einige der Merkmale eines externen Schöpfers auf – und ist überdies logisch konsistenter.

Ich meine damit das Multiversum. Dass unser Universum einer großen, vielleicht sogar unendlichen Menge verschiedener und kausal voneinander getrennter Universen angehört, wo in jedem eine beliebige Zahl grundlegender Aspekte der physikalischen Realität unterschiedlich sein könnte – diese Möglichkeit eröffnet ein weites Feld zum Verständnis unserer Existenz.

Eine der widerwärtigeren, aber möglicherweise wahren Implikationen dieser Modelle läuft darauf hinaus, dass die Physik auf einer grundlegenden Ebene lediglich eine in unserer Umgebung gültige Wissenschaft ist.* In diesem Fall sind die Grundkräfte und Naturkonstanten in diesem Modell nicht grundlegender als die Entfernung Erde-Sonne. Wir leben dann nicht deshalb auf der Erde statt auf dem Mars, weil die Entfernung Erde-Sonne eine tiefe und grundlegende Bedeutung hat. Vielmehr wäre es einfach so, dass das Leben, wie wir es kennen, sich auf unserem Planeten nicht hätte entwickeln können, wenn die Erde in einem anderen Abstand um die Sonne kreisen würde.

Anthropische Argumente dieser Art sind berüchtigt für ihre Unschärfe. Es ist fast unmöglich, auf dieser Basis spezifische Vorhersagen zu treffen, ohne dass man die Wahrscheinlichkeitsverteilung der verschiedenen Naturkonstanten und

* Da stehen mir die Haare zu Berge, weil ich mit der Vorstellung erzogen wurde, dass die Wissenschaft erklären solle, warum das Universum so ist, wie es ist, und wie es dazu kam. Falls aber die Gesetze der Physik, wie wir sie kennen, nur mit unserer Existenz korrelierte Zufälle sind, dann war dieses fundamentale Ziel falsch bestimmt. Sollte sich die Vorstellung jedoch als wahr erweisen, werde ich mein Vorurteil überwinden.

Kräfte innerhalb der Gesamtheit aller möglichen Universen explizit kennt – das heißt, welche vielleicht variieren und welche nicht, und welche möglichen Werte und Formen sie vielleicht annehmen. Außerdem muss man genau wissen, wie »typisch« wir in unserem Universum sind. Falls wir keine »typischen« Lebensformen vertreten, könnte eine anthropische Selektion, wenn sie denn überhaupt stattfindet, auf anderen Faktoren beruhen, als wir ihr ansonsten zuzuschreiben pflegen.

Ein Multiversum, entweder in der Form einer innerhalb vieler zusätzlicher Dimensionen existierenden Landschaft von Universen oder in der Form einer sich vielleicht unendlich replizierenden Menge von Universen in einem dreidimensionalen Raum (wie im Falle einer ewigen Inflation), ergibt aber allemal ein anderes Szenario, wenn es darum geht, über die Entstehung unseres eigenen Universums nachzudenken sowie über die vielleicht dazu notwendigen Voraussetzungen.

Zunächst einmal wird nun die Frage, was die Naturgesetze festgelegt hat, die es ermöglichten, dass unser Universum entstand und sich entwickelte, weniger bedeutsam. Wenn die Naturgesetze selbst stochastischer Natur und zufallsbestimmt sind, dann gibt es keine vorgeschriebene »Ursache« für unser Universum. Unter dem allgemeinen Grundsatz, dass alles zulässig ist, was nicht verboten ist, hätten wir in einem solchen Modell die Gewähr, dass auf jeden Fall ein Universum entstünde, in dem die von uns entdeckten Gesetze gelten. Es ist kein Mechanismus und keine Wesenheit erforderlich, welche die Naturgesetze in der vorliegenden Form festlegt. Sie könnten fast beliebig aussehen. Da wir derzeit nicht über eine grundlegende Theorie verfügen, die den Landschaftscharakter eines Multiversums erklärt, können wir dazu nichts sagen.*

In Wahrheit könnte es sein, dass es überhaupt keine grundlegende Theorie gibt. Obwohl ich Physiker wurde, weil ich hoffte, es gebe eine solche Theorie, und weil ich hoffte, eines Tages dazu beitragen zu können, sie zu entdecken, könnte diese Hoffnung – darüber habe ich mich schon beklagt – unangebracht sein. Trost finde ich in der Äußerung Richard Feynmans. Sie geht dem Zitat voraus, mit dem der Epilog dieses Buches eingeleitet wird. Weiter oben habe ich sie schon kurz zusammengefasst, aber hier möchte ich sie vollständig wiedergeben:

> Ich werde manchmal gefragt: »Suchen Sie nach den ultimativen Gesetzen der Physik?« Nein, das mache ich nicht. Ich will nur mehr über die Welt herausfinden, und sollte sich herausstellen, dass es da draußen ein einfaches ultimatives Gesetz gibt, das alles erklärt, dann soll es so sein. Es wäre sehr schön, das zu entdecken. Sollte sich herausstellen, dass es einer Zwiebel mit Millionen Schichten gleicht, und sollten wir müde und es leid sein, nach Schichten zu schauen, dann ist das eben so … Mein wissenschaftliches Interesse geht dahin, einfach mehr über die Welt herauszufinden, und je mehr ich finde, desto besser. Ich finde gern etwas heraus.

* Fairerweise ist jedoch anzumerken, dass wir, um bei der Berechnung von Möglichkeiten überhaupt wissenschaftliche Fortschritte erreichen zu können, in der Regel davon ausgehen, dass bestimmte Eigenschaften wie etwa die Quantenmechanik sich durch alle Möglichkeiten ziehen. Ich habe keine Ahnung, ob es nützlich sein könnte, diese Vorstellung fallen zu lassen, und zumindest kenne ich in dieser Hinsicht auch keine produktive Arbeit.

Das Argument kann man in eine andere Richtung erweitern, was ebenfalls Implikationen für die zentralen Aussagen dieses Buches hat. In einem Multiversum der hier erörterten Art könnte es eine unendliche Zahl potenziell unendlich großer oder unendlich kleiner Regionen geben, in denen sich einfach »nichts« befindet, und es könnte Bereiche geben, in denen »etwas« vorhanden ist. In diesem Fall wird die Antwort auf die Frage, warum es statt nichts überhaupt etwas gibt, fast banal: Es gibt einfach deshalb etwas, weil wir, wenn es nichts gäbe, nicht hier leben würden!

Mir ist klar, welche Frustration in einer so trivialen Antwort auf eine Frage liegt, die über alle Zeiten hinweg so tiefgründig zu sein schien. Doch die Wissenschaft hat uns gelehrt, dass alles, ob tiefgründig oder trivial, sich dramatisch von dem unterscheiden kann, was es auf den ersten Blick zu sein scheint.

Das Universum ist weit seltsamer und weit vielfältiger – auf wundersame Weise merkwürdiger –, als wir mit unserer kärglichen menschlichen Vorstellungskraft antizipieren können. Die moderne Kosmologie hat uns dazu gebracht, Vorstellungen in Betracht zu ziehen, die ein Jahrhundert zuvor noch nicht einmal hätten formuliert werden können. Die großen Entdeckungen des 20. und 21. Jahrhunderts haben nicht nur die Welt verändert, in der wir tätig sind. Sie haben auch unser Verständnis der Welt (oder der Welten) revolutioniert, die direkt vor unseren Augen existieren oder existieren könnten – einer Wirklichkeit, die verborgen bleibt, bis wir kühn genug sind, nach ihr zu suchen.

Aus diesem Grund sind Philosophie und Theologie letztlich nicht fähig, aus sich heraus die wahrhaft grundlegenden Fragen anzugehen, die uns im Hinblick auf unsere Existenz verwirren. Solange wir nicht die Augen öffnen und die Natur die Richtung vorgeben lassen, sind wir gezwungen, in Kurzsichtigkeit zu verweilen.

Warum gibt es statt nichts überhaupt etwas? Im Grunde könnte diese Frage vielleicht nicht bedeutsamer oder tiefgründiger sein als die Frage, warum manche Blumen rot sind und andere blau. »Etwas« könnte immer aus nichts hervorgehen. Das könnte notwendig sein – unabhängig von der zugrunde liegenden Natur der Realität. Oder »etwas« ist möglicherweise nichts wirklich Besonderes und im Universum sehr weit verbreitet. Wie auch immer – über diese Frage zu grübeln, ist nicht wirklich nützlich. Ergiebiger ist vielmehr, an der spannenden Entdeckungsreise teilzunehmen, die vielleicht ganz speziell enthüllt, wie das Universum, in dem wir leben, entstanden ist und sich entwickelt und von welchen Prozessen unsere Existenz letztlich gesteuert wird. Dafür haben wir die Wissenschaft. Dieses Verständnis können wir vielleicht durch Reflexion ergänzen und das als Philosophie bezeichnen. Eine wahrhaft nutzbringende Einschätzung unseres eigenen Ortes im Kosmos können wir jedoch nur aufbauen, wenn wir weiterhin jeden Winkel des uns zugänglichen Universums erkunden.

Ehe ich zum Schluss komme, möchte ich einen weiteren Aspekt dieser Frage aufwerfen, den ich bislang nicht berührt habe, der es mir aber wert erscheint, abschließend erörtert zu werden. In der Frage, warum es statt nichts überhaupt etwas gibt, ist die solipsistische Erwartung enthalten, dass »etwas« erhalten bleiben werde – dass das Universum irgendwie bis zum Punkt unserer Existenz »vorangeschritten« sei, als wären wir der Höhepunkt der Schöpfung. Auf der Grundlage all dessen, was wir über das Universum wissen, ist viel wahrscheinlicher mit der Möglichkeit zu rechnen, dass in der Zukunft – vielleicht in der unendlichen Zukunft – wieder das Nichts herrschen wird.

Wenn wir in einem Universum leben, dessen Energie – wie von mir dargestellt – durch die Energie des Nichts dominiert wird, so ist die Zukunft in der Tat trostlos. Der Himmel wird kalt, dunkel und leer werden. Doch die Situation ist eigentlich noch schlimmer. Ein durch die Energie des Vakuums dominiertes Universum ist für die Zukunft des Lebens das schlimmste aller Universen. In einem solchen Universum wird letztlich jede Zivilisation garantiert verschwinden, weil ihr die Energie zum Überleben fehlen wird. Nach einer unergründlich langen Zeit könnte eine Quantenfluktuation oder eine thermische Bewegung einen lokalen Bereich erschaffen, in dem sich erneut Leben entwickeln und entfalten könnte. Doch auch das wird ein flüchtiges Ereignis sein. Die Zukunft wird von einem Universum beherrscht, in dem sich nichts befindet, was sein ausgedehntes Mysterium zu schätzen wüsste.

Wenn dagegen die Materie, die uns ausmacht, am Anfang der Zeit – wie von mir geschildert – aus irgendwelchen Quantenprozessen hervorgegangen ist, ist praktisch ebenfalls gewährleistet, dass auch sie wieder verschwinden wird. Physik funktioniert nicht nur in einer Richtung, und Anfänge stehen mit dem Ende in Verbindung. In einer sehr fernen Zukunft werden Protonen und Neutronen zerfallen, die Materie wird verschwinden, und das Universum wird sich einem Zustand maximaler Einfachheit und Symmetrie annähern.

Möglicherweise voll mathematischer Schönheit, aber jeder Substanz entleert. In einem ein wenig abweichenden Kontext hat Heraklit von Ephesus es so ausgedrückt: »Homer hatte unrecht, als er sagte: ›Schwände doch jeglicher Streit aus dem Leben der Götter und Menschen!‹ Er sah nicht, dass er für die Zerstörung des Universums betete; denn würden seine Gebete erhört, schwänden alle Dinge dahin.« Oder in den Worten von Christopher Hitchens: »Nirwana *ist* das Nichts.«

Eine extremere Version dieses endgültigen Rückzugs ins Nichts könnte sich als unausweichlich herausstellen. Einige Stringtheoretiker haben auf der Grundlage komplexer Mathematik vorgebracht, ein Universum wie das unsere mit einer positiven Energie im Vakuum des leeren Raums *könne* gar nicht stabil sein. Es müsse am Ende in einen Zustand zerfallen, in dem die mit dem Raum zusammenhängende Energie negativ sein wird. Dann wird unser Universum einwärts zu einem Punkt kollabieren und wieder zu dem Quantendunst werden, aus dem unsere Existenz hervorgegangen sein dürfte. Falls diese Argumentation korrekt ist, wird unser Universum dann so plötzlich verschwinden, wie es wahrscheinlich begonnen hat.

In diesem Fall lautet die Antwort auf die Frage, warum es statt nichts überhaupt etwas gibt, einfach nur: Das wird nicht lange so bleiben.

Epilog

Die Anerkennung ermittelter Fakten als eine Facette der Wahrheit ist ein tiefgründiges Thema und die Triebfeder, die unsere Zivilisation seit der Renaissance bewegt hat.

Jacob Bronowski

Ich habe dieses Buch mit einem anderen Zitat von Jacob Bronowski begonnen:

> Traum oder Albtraum, unsere Erfahrung müssen wir leben, wie sie ist, und wir müssen sie im Wachzustand leben. Wir leben in einer Welt, die vollständig von Wissenschaft durchdrungen und sowohl ein Ganzes als auch real ist. Wir können das Leben nicht einfach dadurch in ein Spiel verwandeln, indem wir uns für eine Seite entscheiden.

Zudem habe ich gesagt, des einen Traum sei des anderen Albtraum. Ein Universum ohne Zweck oder Lenkung mag manchem so erscheinen, als werde das Leben dadurch bedeutungslos. Für andere, zu denen auch ich mich zähle, wirkt ein solches Universum belebend. Es macht die Tatsache unserer Existenz noch erstaunlicher und motiviert uns, aus unserem eigenen Handeln Bedeutung abzuleiten und aus unserer kurzen Existenz unter der Sonne das Beste zu machen – gesegnet mit Bewusstsein und mit der Gelegenheit, etwas zu verwirklichen. Bronowskis Aussage läuft jedoch darauf hinaus, dass es ohnehin nicht wirklich darauf ankommt und dass es belanglos ist, was wir im Hinblick auf das Universum gern hätten. Was immer geschah, ist geschehen, und es geschah in einer kosmischen Größenordnung. Und was immer sich auf dieser Skala künftig ereignen mag, es wird sich unabhängig von unseren Vorlieben und Abneigungen ereignen. Wir haben keinen Einfluss auf das, was vorher geschah, und wahrscheinlich können wir auch nicht beeinflussen, was in Zukunft geschieht.

Es ist uns hingegen möglich, uns darum zu bemühen, die Umstände unserer Existenz zu verstehen. In diesem Buch habe ich eine der bemerkenswertesten Erkundungsreisen geschildert, die die Menschheit in ihrer Evolutionsgeschichte je unternommen hat. Es handelt sich um ein episches Bestreben, den Kosmos in Größenordnungen zu erkunden und zu verstehen, die ein Jahrhundert zuvor schlicht noch unbekannt waren. Die Reise hat die Grenzen des menschlichen Geistes weiter hinausgeschoben. Dabei wurde die Bereitschaft, den wissenschaftlichen Beweisen zu folgen, wo immer sie auch hinführen mochten, mit dem Mut verbunden, ein ganzes Leben der Erkundung des Unbekannten zu widmen – im vollen Bewusstsein, dass die Anstrengung möglicherweise nirgendwo hinführen würde. Und schließlich war dazu noch eine Mischung aus Kreativität und Ausdauer erforderlich, damit man die oft langwierige und mühsame Aufgabe bewältigen konnte, endlose Gleichungen oder endlose experimentelle Herausforderungen anzugehen.

Der Mythos von Sisyphus hat mich stets angezogen; gelegentlich habe ich die Mühen der Wissenschaft mit seiner nie endenden Aufgabe verglichen, einen Felsbrocken auf einen Berg zu befördern, nur um zu erleben, dass er wieder hinunterrollte, ehe er den Gipfel erreichte. Camus stellte sich Sisyphus als einen glücklichen Menschen vor, und das sollten auch wir. Unsere Reise, was immer dabei herauskommen mag, trägt ihre Belohnung in sich.

Der phänomenale Fortschritt, den wir im vergangenen Jahrhundert erlebt haben, hat uns als Wissenschaftler zu einem Scheitelpunkt geführt, an dem wir uns aktiv mit den tiefsten Fragen auseinandersetzen, die es gibt, seit Menschen ihre ersten tastenden Schritte unternahmen, um zu verstehen, wer sie waren und woher sie kamen.

In diesem Prozess hat sich, wie ich hier dargestellt habe, die Bedeutung dieser Fragen zusammen mit unserem Verständnis des Universums verändert. Warum es statt nichts überhaupt etwas gibt – diese Frage muss im Kontext eines Kosmos verstanden werden, in dem diese Worte nicht mehr dasselbe bedeuten wie einst. Schon die Unterscheidung zwischen etwas und nichts hat begonnen, sich dort aufzulösen, wo Übergänge zwischen den beiden in unterschiedlichen Zusammenhängen nicht nur häufig, sondern sogar erforderlich sind.

Und so ist selbst diese Frage in unserem Streben nach Wissen an den Rand gedrängt worden. Stattdessen sehen wir uns veranlasst, die Vorgänge, welche die Natur steuern, auf eine Weise zu verstehen, die es uns erlaubt, Vorhersagen zu machen und – wo immer das möglich ist – auf unsere eigene Zukunft einzuwirken. Dabei haben wir entdeckt, dass wir in einem Universum leben, in dem das Vakuum des leeren Raums – das zuvor als Inbegriff des Nichts hätte gelten können – eine neue Dynamik aufweist, von der die aktuelle

Entwicklung des Kosmos gesteuert wird. Wie wir entdeckt haben, deuten alle Anzeichen auf ein Universum hin, das aus einem tiefer reichenden Nichts – was die Abwesenheit des Raums selbst einschließt – hervorgegangen und nachvollziehbar tatsächlich daraus entstanden sein könnte. Zudem könnte es eines Tages wieder ins Nichts zurückkehren – aufgrund von Vorgängen, die vielleicht nicht nur begreiflich sind, sondern für die auch keine äußere Kontrolle oder Steuerung erforderlich ist. In diesem Sinne macht es die Physik, wie der Physiker Steven Weinberg angemerkt hat, nicht unmöglich, an Gott zu glauben, sondern ermöglicht vielmehr, nicht an Gott zu glauben. Ohne Wissenschaft ist alles ein Wunder. Mit der Wissenschaft bleibt die Möglichkeit, dass gar nichts ist. In diesem Fall wird religiöser Glaube immer weniger notwendig und auch immer weniger relevant.

Natürlich muss jeder selbst entscheiden, ob er sich zur Vorstellung einer göttlichen Schöpfung bekennen will, und ich erwarte nicht, das die fortwährende Debatte in nächster Zeit einschlafen wird. Ich glaube aber, dass wir aus intellektueller Aufrichtigkeit heraus eine auf Information beruhende Entscheidung treffen sollten – informiert durch Fakten und nicht durch Offenbarung.

Das habe ich mit diesem Buch beabsichtigt – ein auf Information beruhendes Bild des Universums zu vermitteln, wie wir es verstehen, und die theoretischen Spekulationen darzustellen, von denen die Physik derzeit vorangebracht wird, während wir Wissenschaftler versuchen, in unseren Beobachtungen und Theorien die Spreu vom Weizen zu trennen.

Was ich selbst vorziehe, habe ich deutlich gemacht: Als die bei Weitem überzeugendste intellektuelle Alternative erscheint mir derzeit der Fall, dass *unser* Universum aus dem

Nichts hervorgegangen ist. Der Leser mag seine eigenen Schlüsse ziehen.

Am Ende meiner Erörterung möchte ich auf eine Frage zurückkommen, die mir intellektuell sogar spannender erscheint als die Frage nach dem Etwas aus dem Nichts. Es ist die Frage, die Einstein äußerte: Ob Gott bei der Erschaffung des Universums überhaupt eine Wahl hatte? Diese Frage liefert die grundlegende Motivation für fast jede Forschung nach der fundamentalen Struktur von Materie, Raum und Zeit – einer Forschung, die mich während eines Großteils meines Berufslebens beschäftigt hat.

Lange Zeit glaubte ich, die Antwort auf diese Frage sei ziemlich eindeutig, doch während der Arbeit an diesem Buch haben sich meine Ansichten geändert. Falls es eine einzige Theorie gibt, die mit einer einzigen Sammlung von Gesetzen beschreibt und tatsächlich vorschreibt, wie unser Universum einschließlich der Regeln, die seine Entwicklung seither gesteuert haben, entstanden ist – was das Ziel der Physik seit Newton oder Galilei war –, so sollte die Antwort lauten: »Nein, alles musste so sein, wie es gewesen ist und weiterhin bleibt.«

Wenn unser Universum jedoch nicht einzigartig ist und zu einem riesigen und möglicherweise unendlichen Multiversum von Universen gehört, wäre dann auf Einsteins Frage nicht lauthals zu antworten: »Ja, es gibt eine ganze Menge von Entscheidungsmöglichkeiten für die Existenz«?

Ich bin mir da nicht so sicher. Es könnte sein, dass es eine unendliche Fülle verschiedener Kombinationen der Naturgesetze gibt und dazu Varianten von Teilchen und Substanzen und Kräften und sogar unterschiedliche Universen, die in einem solchen Multiversum auftauchen könnten. Es kann aber sein, dass allein eine bestimmte, sehr eingeschränkte Kombination, aus der ein Universum unseres oder eines sehr ähnlichen Typs hervorgeht, die Evolution von Wesen unterstützt, die eine solche Frage stellen können. In diesem Fall müsste Einsteins Frage weiterhin mit Nein beantwortet werden. Ein Gott oder eine Natur, die ein Multiversum herbeiführen kann, wäre bei der Erschaffung eines Universums, in dem Einstein die Frage stellen konnte, ebenso eingeschränkt wie in dem Fall, in dem nur eine Möglichkeit für eine konsistente physikalische Realität besteht.

Ich finde die Möglichkeit merkwürdig zufriedenstellend, dass selbst ein anscheinend allmächtiger Gott in beiden Szenarien bei der Erschaffung unseres Universums keine Wahl hatte. Zweifellos deshalb, weil das weiterhin nahelegt, dass Gott nicht notwendig ist – oder im besten Fall überflüssig.

Nachwort

Von Richard Dawkins

Nichts erweitert den Geist so sehr wie das sich ausdehnende Universum. Im Gegensatz zu den majestätischen Akkorden der Symphonia Galactica gleicht die Musik der Sphären einem Geklimper oder einem Kinderlied. Mit einer anderen Metapher und einer veränderten Dimension wird der Staub der Jahrhunderte, der Nebelschleier dessen, was wir uns anmaßen, »alte« Geschichte zu nennen, rasch von den beständigen, erodierenden Winden der geologischen Zeitalter fortgeblasen. Selbst das Alter des Universums – bis auf die vierte Stelle genau 13,72 Milliarden Jahre, wie Krauss uns versichert – ist fast nichts im Vergleich zu den Billionen von Jahren, die noch kommen werden.

Doch Krauss' Vision der Kosmologie einer fernen Zukunft ist paradox und beängstigend. Der wissenschaftliche Fortschritt wird sich seiner Ansicht nach wahrscheinlich rückläufig entwickeln. Wir glauben natürlich, dass die Vision der Kosmologen, falls es sie im Jahr 2 Billionen n. Chr. noch gibt, weiter reichen wird als unsere. Das wird nicht der Fall sein – und das ist eine der vielen erschütternden Folgerungen, die ich am Ende dieses Buches in Erinnerung behalte. Ein paar Milliarden Jahre mehr oder weniger – unsere Zeit bietet sehr günstige Bedingungen, ein Kosmologe zu sein. In zwei Billionen Jahren von heute aus gesehen wird das Universum sich so weit ausgedehnt haben, dass alle Galaxien außer der des Kosmologen (welche das auch immer sein mag) sich hinter einen Einstein'schen Horizont zurückgezogen haben, der so absolut, so unantastbar ist, dass sie nicht nur unsichtbar sein werden, sondern vollkommen außerhalb jeder Möglichkeit, eine auch nur indirekte Spur hinterlassen zu können. Ebenso gut hätten sie gar nicht existieren können. Höchstwahrscheinlich wird jede Spur des Urknalls verschwunden sein – auf ewig und jenseits jeder Chance, sie wiederzufinden. Die Kosmologen der Zukunft werden von ihrer Vergangenheit und ihrer Situation auf eine Weise abgeschnitten sein, die für uns nicht gilt.

Wir wissen, wir befinden uns inmitten von 100 Milliarden Galaxien, und wir wissen vom Urknall, weil wir überall von den entsprechenden Beweisen umgeben sind: Die ins Rot verschobene Strahlung ferner Galaxien zeigt uns die Hubble-Expansion, und wir extrapolieren sie in die Vergangenheit. Es ist unser Privileg, diese Beweise sehen zu können, denn wir blicken hinaus in ein Universum im Kindesalter, warm und geborgen in dieser Morgendämmerung, in der das Licht noch von einer Galaxie zur anderen gelangen kann. Krauss und ein Kollege haben dafür eine originelle Formulierung gefunden: »Wir leben in einer ganz besonderen Zeit – in der einzigen Periode, in der wir durch Beobachtung bestätigen können, dass wir in einer ganz besonderen Zeit leben!« Die Kosmologen des Dritten Billenniums werden auf die verkümmerte Vision unseres frühen 20. Jahrhunderts zurückgeworfen sein – wie wir eingeschlossen in einer einzigen Galaxie, der Milchstraße, die nach allem, was wir wussten oder uns vorstellen konnten, gleichbedeutend mit dem Universum war.

Am Ende und unausweichlich wird das flache Universum weiter zu einem Nichts verflachen, das seine Anfänge spiegelt. Dort wird es nicht nur keine Kosmologen geben, die ins Universum hinausschauen. Es wird auch nichts zu sehen geben, selbst wenn da jemand wäre, der es könnte. Absolut nichts. Nicht einmal Atome. Einfach nichts.

Wer meint, das sei trübselig und trostlos, hat Pech gehabt. Die Wirklichkeit schuldet uns keinen Trost. Als Margaret Fuller – in meiner Vorstellung mit einem zufriedenen Seufzer – anmerkte: »Ich akzeptiere das Universum.«, erwiderte Thomas Carlyle trocken: »Ach Gottchen, da wird ihr kaum etwas anderes übrig bleiben!« Persönlich bin ich der Meinung, die ewige Ruhe eines unendlich flachen Nichts zeigt eine Größe, die es wert ist, um es zurückhaltend auszudrücken, dass man sich ihr mutig stellt.

Wenn aber etwas zu nichts verflachen kann – kann dann auch ein Nichts aktiv werden und etwas zur Welt bringen? Oder um einen alten theologischen Scherz anzuführen, warum gibt es statt nichts überhaupt etwas? Hier kommen wir zur vielleicht bemerkenswertesten Lektion, die uns bleibt, nachdem wir Krauss' Buch zugeklappt haben. Die Physik sagt uns nicht nur, wie aus nichts etwas hervorgegangen sein könnte. Wie Krauss darlegt, geht sie darüber hinaus und zeigt uns, dass das Nichts instabil ist. Etwas war geradezu dazu bestimmt, daraus in die Existenz zu treten. Wenn ich Krauss richtig verstehe, geschieht das ständig: Das Prinzip hört sich an wie eine Art Physiker-Version der Aussage, wonach zwei falsche Sachverhalte einen richtigen hervorbringen. Teilchen und Antiteilchen beginnen blinkend zu existieren und wieder zu verschwinden wie subatomare Glühwürmchen; sie vernichten einander und erschaffen sich dann durch den umgekehrten Vorgang erneut aus dem Nichts.

Die spontane Genese von etwas aus nichts ereignete sich in

großem Maße am Anfang von Raum und Zeit – in der als Big Bang oder Urknall bezeichneten Singularität. Während der folgenden inflationären Phase benötigten das Universum und alles, was in ihm war, einen Sekundenbruchteil, um sich um 28 Größenordnungen auszudehnen (eine Eins mit 28 Nullen – das muss man sich einmal vorstellen).

Was für eine bizarre, lächerliche Vorstellung! Also wirklich, diese Physiker! Sie sind um nichts besser als mittelalterliche Scholastiker, die Engel auf Nadelspitzen zählen oder das »Mysterium« der Transsubstantiation erörtern.

Nein, dem ist nicht so; man kann es nicht nachdrücklich genug bekräftigen. Es gibt vieles, was die Wissenschaft nicht weiß (und sie arbeitet mit aufgekrempelten Ärmeln daran, das zu ändern). Doch manches von dem, was wir wissen, kennen wir nicht bloß annähernd (das Universum ist nicht nur einige Tausend, sondern Milliarden Jahre alt): Wir wissen es zuverlässig und mit verblüffender Genauigkeit. Wie ich schon erwähnt habe, wird das Alter des Universums auf vier Dezimalstellen genau gemessen. Das ist schon recht eindrucksvoll, aber nichts im Vergleich zur Präzision einiger Vorhersagen, mit denen Lawrence Krauss und seine Kollegen uns in Erstaunen versetzen können. Krauss' Held Richard Feynman verwies darauf, dass manche Vorhersagen der Quantentheorie – auch sie auf Annahmen beruhend, die einem abgedrehter erscheinen als alles, was sich selbst die schlimmsten Obskuranten unter den Theologen hätten träumen lassen – mit einer Genauigkeit verifiziert wurden, die darauf hinausliefe, die Entfernung zwischen New York und Los Angeles auf Haaresbreite zu bestimmen.

Theologen spekulieren vielleicht über Engel auf Nadelspitzen oder was immer derzeit dafür stehen mag. Es könnte so aussehen, als ob Physiker ihre eigenen Engel und die dazu passenden Nadelspitzen hätten: Quanten und Quarks, »Charme«, »Strangeness« und »Spin«. Aber Physiker können ihre Engel zählen und das Ergebnis bei einer Gesamtheit von zehn Milliarden auf einen Engel genau richtig wiedergeben – kein Engel mehr, kein Engel weniger. Wissenschaft mag verrückt und unbegreiflich sein – verrückter und unbegreiflicher als jede Theologie –, aber Wissenschaft funktioniert. Sie kann uns zum Saturn bringen und uns unterwegs eine Schleife um Venus und Jupiter drehen lassen. Mag sein, dass wir die Quantentheorie nicht verstehen (der Himmel weiß, dass ich sie nicht begreife), doch eine Theorie, welche die reale Welt auf zehn Dezimalstellen genau vorhersagt, kann in keinem direkt nachvollziehbaren Sinn falsch sein. Der Theologie mangelt es nicht nur an Dezimalstellen – ihr fehlt selbst der kleinste Hinweis auf eine Verbindung mit der Welt der Wirklichkeit. Wie sagte doch Thomas Jefferson bei der Gründung seiner University of Virginia: »In unserer Einrichtung sollte ein Lehrstuhl für Theologie keinen Platz haben.«

Fragt man Gläubige einer Religion, warum sie glauben, trifft man vielleicht auf »ausgefuchste« Theologen, die einem etwas von Gott als »Grund alles Seienden« oder als »Metapher für interpersonale Gemeinschaft« oder andere Ausflüchte dieser Art erzählen. Die Mehrheit der Gläubigen jedoch stürzt sich aufrichtiger und angreifbarer auf eine Version des Arguments einer bewussten Gestaltung oder auf das Argument der Ersten Ursache. Philosophen vom Kaliber eines David Hume mussten sich nicht einmal aus ihrem Lehnsessel erheben, um die fatale Schwäche all dieser Argumente zu zeigen: Sie werfen die Frage nach dem Ursprung des Schöpfers auf. Doch es blieb Charles Darwin vorbehalten, draußen in der Wirklichkeit an Bord der »HMS Beagle« die brillant einfache – und keine Fragen aufwerfende – Alternative zur bewussten Gestaltung zu entdecken. Das heißt, auf dem Gebiet der Biologie. Biologie war immer das bevorzugte Jagdrevier für Naturtheologen gewesen, ehe Darwin sie – nicht gezielt, denn er war ein überaus freundlicher und höflicher Mensch – vom Hof jagte. Sie flohen auf die spärlich vorhandenen Weidegründe der Physik und der Ursprünge des Universums. Dort allerdings trafen sie auf Lawrence Krauss und seine Vorgänger, die schon auf sie warteten.

Sehen die Gesetze und Einschränkungen der Physik so aus wie ein fein abgestimmtes Werk – dazu entworfen, uns hervorzubringen? Glaubt hier jemand, ein handelndes Wesen müsse alles in Gang gesetzt haben? Wer nicht erkennen kann, was an Argumenten dieser Art falsch ist, der möge Victor Stenger lesen. Er lese Steven Weinberg, Peter Atkins, Martin Rees, Stephen Hawking. Und jetzt können wir Lawrence Krauss lesen, der meiner Ansicht nach den entscheidenden Schlag geführt hat. Selbst die letzte verbliebene Trumpfkarte des Theologen, die Frage, warum es statt nichts überhaupt etwas gibt, verdorrt vor unseren Augen, wenn wir diese Seiten lesen. Wenn *Der Ursprung der Arten* der letzte tödliche Schlag für die Lehre vom Übernatürlichen war, so können wir *Ein Universum aus Nichts* als den entsprechenden Schlag in der Kosmologie ansehen. Der Titel bedeutet genau das, was er besagt. Und was er besagt, ist vernichtend.

Über den Autor

Professor Lawrence M. Krauss ist Foundation Professor der School of Earth and Space Exploration und der Physikalischen Fakultät, Kodirektor der Cosmology Initiative und Gründungsdirektor der Origins Initiative an der Arizona State University. Diese Initiative schließt ein neues, weit gefasstes interdisziplinäres Programm für Forschung und Lehre ein, das in die Zukunft weist und alle Aspekte der Ursprünge zu berücksichtigen sucht – angefangen bei den Ursprüngen des Kosmos über die des Menschen bis hin zu den Ursprüngen von Bewusstsein und Kultur. Bis August 2008 war Krauss an der Case Western Reserve University (CWRU). Er ist ein international bekannter theoretischer Physiker mit breiten Forschungsinteressen, darunter die Schnittstelle zwischen der Elementarteilchenphysik und der Kosmologie, wobei seine Untersuchungen das frühe Universum, die Natur der Dunklen Materie, die Allgemeine Relativität und die Neutrino-Astrophysik einschließen. Seinen Doktor in Physik erhielt er 1982 vom Massachusetts Institute of Technology, dann kam er zur Harvard Society of Fellows. 1985 ging er an die Physik-Fakultät der Yale University und wechselte 1993 als Ambrose-Swasey-Professor an die CWRU. Von 1993 bis 2005 diente er dort auch als Vorstand der Physikabteilung; er richtete hier unter anderem eines der führenden Programme des Landes für Teilchen-Astrophysik ein und schuf einen neuartigen Masterstudiengang für Unternehmertum im Fach Physik.

Lawrence Krauss hat zahlreiche internationale Preise für seine Forschungen und Veröffentlichungen erhalten und ist der einzige Physiker, der von den drei großen US-Vereinigungen auf dem Gebiet der Physik ausgezeichnet wurde – der American Physical Society, der American Association of Physics Teachers und dem American Institute of Physics.

Darüber hinaus ist Krauss heute auch einer der wenigen prominenten Physiker, welche die Kluft zwischen Wissenschaft und Populärkultur aktiv überbrücken, weshalb der *Scientific American* ihn als einzigartigen »öffentlichen Intellektuellen« feierte. So ist Krauss neben seiner Tätigkeit für Rundfunk und Fernsehen auch als Solist beim Cleveland Orchestra aufgetreten, hat in Gustav Holsts *The Planets* am Blossom Music Center im bestbesuchten Konzert dieses Veranstaltungsortes den Erzähler gegeben und wurde für seinen Begleittext einer CD von Telarc mit der Musik von »Star Trek« für den Grammy Award nominiert. 2005 war er auch Jurymitglied beim Sundance Film Festival.

Der neue Star am Sachbuch-Himmel: Andrea Wulf.

Die Geschichte des größten wissenschaftlichen Abenteuers im 18. Jahrhundert erzählt dieser Wissenschaftsthriller, der an jenen magischen Moment erinnert, als die Dimensionen des Universums erstmals Kontur gewannen. Bestsellerautorin Andrea Wulf blickt zurück auf den Sommer des Jahres 1769, als beim Venusdurchgang erstmals Wissenschaftler weltweit zusammenarbeiteten, um den Abstand zwischen Sonne und Erde exakt zu ermitteln. Sie reisten in die entlegensten Regionen und bestanden gefährliche Abenteuer.

Dieses Buch ist 2012 bei C. Bertelsmann unter dem Titel *Die Jagd nach der Venus* erschienen.

PENGUIN VERLAG